KB049573

창문을 열면,
우주

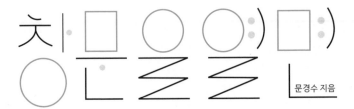

문경수 지음

일상에 활기를 더하는 하루 한 편 우주탐사

창문을 열면,
우주

시공사

천체망원경이 없어도 창문만 열면
매일 밤 우주를 만날 수 있습니다.

우주로 써 보낸
우리들의 밤 편지

2018년 12월, 화성 탐사선 인사이트InSight호가 화성에 착
륙한 지 일주일쯤 지났을 때입니다. KBS1 라디오에서 심
야 시사 프로그램을 시작하는데, 한 주에 한 번 우주 이야
기를 하는 코너를 만들고 싶다고 작가님께 연락이 왔습니
다. 십수 년간 탐험을 하며 보고 느꼈던 것과 지구의 밤하
늘을 소개하면 재미있겠다고 생각했습니다. 그리고 제가
탐험가인 것은 둘째로, 책을 쓰는 작가라면 누구나 라디
오 주파수를 통해 청취자와 소통하는 꿈을 꿔보았을 테니
까요. 속으로 쾌재를 불렀습니다. 적어도 작가님이 다음

과 같이 말씀하시기 전까지는 말이지요.

"밤 11시 30분부터 20분간 생방송으로 진행되는데
 괜찮으시겠어요?"

고민이 되었습니다. 방송이 끝나면 자정인데, KBS가 있는 여의도에서 제가 사는 영종도까지는 어떻게 가야 할까. 전국을 다니며 한창 강연을 하던 시절이라, 늘 생방송 시간에 맞출 수 있을까 싶어 머릿속이 하얘졌습니다. 하지만 코너 이름이 '우주로 가는 밤'이라서 반쯤 마음을 굳혔습니다. 생방송 진행이 어려우면 가끔 사전 녹음을 해도 된다는 말에 용기를 내보기로 했습니다.

무엇보다 간간이 나오는 우주 관련 소식이 다른 뉴스에 밀려 잊히는 것이 내심 아쉬웠던 터였고, '그래! 따로 책 읽을 시간이 없으니 라디오를 계기로 우주 공부를 해보는 것도 좋겠다' 하는 생각도 들었습니다. 그렇게 눈이 내리던 2018년 12월 둘째 주에 인생 첫 라디오 방송을 시작했고 2년 동안 매주 목요일 밤 청취자와 함께 우주를 만나는 행복한 시간을 보냈습니다.

라디오 진행을 결정하고 머릿속으로 이런저런 상상을 해보았습니다. '우주로 가는 밤'이라는 낭만적인 코너

명에 걸맞은 소재로 청취자들과 만나고 싶었습니다. 단순히 천문학 정보를 소개하기보다 자연스럽게 우주 이야기를 나누고 싶었습니다. 이를테면, "오늘 우주에서 이런 일이 일어났는데요. 다른 세상 이야기 같지만 이런 점은 우리 삶과도 맞닿아 있습니다" 또는 "비싼 천체망원경이 없어도 창문만 열면 매일 밤 우주를 만날 수 있습니다" 같은 느낌을 전하기로 했습니다.

이런 상상의 시작에는 영화 〈라디오 스타〉가 한몫했습니다. 한때 인기 가수였던 주인공이 지역 방송 라디오를 진행하면서 할머니, 아저씨, 아이들의 사연을 소개하고 전화를 걸어 가식 없이 대화하던 모습이 기억에 오래 남았거든요. 저도 청취자가 편지를 보내거나 댓글을 달면 영화 속 디제이처럼 격의 없이 소통하겠노라고 마음먹었습니다. 아마도 밤 11시가 넘은 시간에 라디오를 듣는 분들은 고된 하루를 보내고 집으로 돌아가는 평범한 우리 주변의 사람들일 겁니다. 택시에서, 버스에서 우주 이야기와 음악이 흘러나오면 잠시나마 위안이 될 것 같았습니다.

공중파 라디오의 영향이기도 하겠지만, 우주 소식을 듣고 무수히 많은 청취자가 문자나 인터넷 게시판을 통해 소감과 질문을 보내왔습니다. 잊고 지냈던 어릴 적 우주에 대한 호기심이 다시 생겼다는 분, 혼자 듣다가 지금은 중학생 자녀와 함께 듣는다는 분, 먼 타국에 살면서 잘 듣고 있다는 분, 정치·사회 뉴스가 넘치는데 이 방송을 들으면 머리가 정화된다던 분…. 사연을 들으며 덩달아 신이 나고 감동했습니다. 한번은 생방송을 마치고 탄 택시 안에서 기사님이 방금 라디오에서 나온 양반 아니냐며 알아봐주셔서 묘한 카타르시스를 경험하기도 했습니다. 영상 콘텐츠가 주를 이루는 시대에도 여전히 라디오는 생명력과 따스함을 유지하고 있었습니다.

라디오를 진행한 2년간, 우주 분야는 빠르게 변하고 성장했습니다. 소재가 없으면 어쩌나 하는 고민은 기우일 뿐이었습니다. 우선 아폴로 달 착륙이 50주년을 맞이했습니다. 인간의 상상력과 추진력이 시공간이 다른 행성으로까지 확장될 수 있다는 실체를 보여준 역사적인 사건입니다. 달 착륙의 성공을 위해 헌신했던 과학자와 우주 비행사 그리고 로켓을 타고 달에 갈 수 있다는 '공상'을 했던 초기 몽상가들의 이야기까지 흥미로운 사람들이 가득했습니다. 몇몇 청취자는 여지없이 달 착륙 조작설에 대한 재미난 의견을 남겨주셨습니다. 이 또한 우주에 대한 나름대로의 관심일 겁니다.

감동을 받았던 소재도 기억납니다. 우주에서 날아온 부고입니다. 2003년 발사 당시 임무 기간을 3개월로 잡았지만 훨씬 더 긴 15년이라는 세월을 화성에서 버텨준 탐사 로버 오퍼튜니티의 사망 소식을 전할 때 사람들의 반응은 무척 따뜻했습니다. 인간을 대신해 화성에서 고군분투해준 탐사 로버에 보내는 애도 메시지가 전 세계의 온라인을 뜨겁게 달구었습니다. 바쁘다는 이유로 잊은 듯해도 이렇게 우리는 우주적 사실에 공감하는 시대를 살아가고 있습니다.

우주산업에도 많은 변화가 있었습니다. 실패하면 어떡하나 마음 졸이며 지켜보았던 스페이스X의 재사용 로켓이 성공적인 시험비행을 이어갔고 급기야 재사용 로켓에 실린 최초의 민간 유인우주선이 우주 비행사를 태우고 무사히 국제우주정거장에 다녀오기도 했습니다. 그리고 100여 명의 사람과 수천 톤의 화물을 화성으로 보내는 우주선의 첫 시험 발사도 성공했습니다. 몇 년 전만 하더라도 화성 이주라는 말이 허구처럼 여겨졌지만 꾸준히 실현 가능성이 높아지는 중입니다. 미국이 주도하던 화성 탐사도 아랍, 중국, 유럽 등 여러 국가에서 관심을 보이고 민간 기업들도 기술 개발과 투자를 아끼지 않고 있습니다. 이제 우주 분야는 정부가 아닌 민간 기업이 주도하는 새로운 국면을 맞이했습니다.

라디오 스튜디오를 찾아준 특별한 손님들이 떠오릅니

창문을 열면, 우주

다. 첫 게스트로 초대한 한국 최초 우주인 이소연 박사님은 국제우주정거장에서의 경험과 SF에 버금가는 지구 귀환 스토리를 들려주어서 청취자들의 마음을 들썩이게 만들었습니다. 특히 우주를 꿈꾸는 청소년들에 대한 이소연 박사님의 애정이 스튜디오를 포근하게 감싸 안았습니다.

NASA 제트추진연구소 항법팀 이주림 연구원님은 NASA 과학자들의 생생한 우주 도전기와 베일에 감춰진 연구원의 일상을 가감 없이 들려주기도 했습니다. 우주와 관련된 일을 한다는 건 매 순간 실패를 즐기고 호기심의 끈을 놓지 않는 일이라는 생각이 듭니다. 꿈 많은 아이가 화성 탐사 미션에 참여하는 연구원이 되기까지의 인생 이야기는 잔잔한 감동으로 전해졌습니다.

그리고 NASA 태양계 홍보 대사 폴윤 교수님은 출연도 해주셨지만, 중요한 우주 이슈가 있을 때면 미국에서 전화 연결로 따끈한 현장 소식을 전해주셨습니다. 스스로를 '미래 소년 폴'이라고 부르는 교수님은 NASA의 우주탐사 미션과 가치를 한국 사회에 지속적으로 전달하기 위해 여전히 노력하고 계십니다. 최초의 인류가 아프리카 대륙을 벗어나고, 근대의 탐험가들이 신대륙을 탐험했다면 지구 밖 너머를 탐사하는 지금은 우주 대항해시대가 아닐까 합니다.

이렇게 한 주에 한 편씩 쌓은 오늘의 우주 이야기가 어느덧 한 권의 책으로 나오게 되었지만, 아직도 제게는 첫 방송의 여운이 식지 않았습니다. 녹음실 안은 국제우주정거장 내부 같았고 녹음실 밖 조정실은 NASA 존슨스페이스센터 우주 비행 관제실처럼 느껴졌습니다. 생방송을 위해 방음문을 열고 들어갈 때는 마치 선외활동을 하려고 해치를 열어 밖으로 나가는 우주 비행사가 된 기분이었습니다. 조금 뒤면 온에어 사인에 불이 들어오고 〈김성완의 시사야〉 프로그램 진행자인 김성완 시사평론가의 오프닝이 시작되겠지요.

"저는 SF를 참 좋아합니다. 외계인이나 우주여행, 미래의 과학기술과 관련된 상상력이 그저 영화나 소설에만 존재하는 것은 아니잖습니까? 실제 이 세상에 존재하는 모든 물질과 에너지, 시공을 초월하는 우주의 세계가 참 신비롭습니다. 이 밤, 우주여행을 떠나보는 것은 어떨까요. 매주 목요일, 과학 지식의 세계로 떠나는 '우주로 가는 밤'을 마련했는데요. 초등학생이 된 것처럼 설레기도 합니다. 이 시간 함께해주실 문경수 과학탐험가를 소개합니다. 청취자 여러분께 인사 부탁드립니다."

"안녕하세요. 오늘부터 여러분과 함께 우주의 세계를 탐사할 과학탐험가 문경수입니다. 일주일에 한 번쯤은 별을 볼 여유를 누리는, 그런 시간이 되면 좋겠습니다." (…)

"흥미로운 이야기 감사합니다. 첫 방송인 오늘은 어떤 음악을 들려주실 건가요?"

"아이유의 〈밤편지〉를 선곡했습니다. 별을 보며 우주 이야기를 한다는 것은 우리가 우주로 써 보낸 밤 편지 같다는 생각이 드네요."

"지금까지 문경수 과학탐험가와 함께했습니다."

2021년 7월

문경수

1부.

지구
최고의
밤하늘.

천문대에서 우주를 향해
레이저를 발사하면 뜨는
인공 별.

완벽한 어둠의 공간
하와이 마우나케아

하와이는 지구 어느 대륙에서 출발해도 가장 먼 곳에 있습니다. 태평양 중심에 있는 하와이제도에서 그나마 가까운 육지는 캘리포니아입니다. 호놀룰루에서 직선거리로 3,824킬로미터 떨어져 있습니다. 하와이는 연간 1,000만 명이 넘는 여행자가 찾지만 인간이 정착하기 전에는 고립되어 진화를 이어온 희귀 식물과 동물뿐이었습니다. 그렇다면 지상 낙원으로 불리는 하와이에 처음 자리 잡은 이들은 누구일까요?

인류학적 퍼즐을 맞추어보면 폴리네시아인이 최초

의 이주민입니다. 1700년대에 영국의 탐험가 제임스 쿡 James Cook 이 우연히 하와이에 도착했을 때 이미 폴리네시아인이 살고 있었습니다. 하지만 그들이 어떻게 먼 바다를 건너 하와이에 정착했는지 확실한 증거는 없습니다. 폴리네시아인의 뛰어난 항해술과 카누 덕분에 가능했다는 설이 유력합니다. 그들은 쌍으로 연결된 작은 카누를 타고 거친 바다를 건넜습니다. 별의 움직임과 조류의 방향을 읽으며 수 세대에 걸친 탐험을 이어갔습니다. 최초의 인류가 더 나은 서식지를 찾아 아프리카를 떠났듯이 폴리네시아인들도 같은 이유였을 겁니다.

하와이에 정착한 폴리네시아인은 수 세기 동안 외부 세계와 단절된 채 고유한 문화를 지켜왔습니다. 하지만 18세기 들어 이주한 중국인을 시작으로 현재는 동서양의 다양한 인종이 모여 살지요. 그리고 바다에서 시작된 하와이 탐험은 새로운 부류의 사람들이 나서고 있습니다. 바로 과학자들입니다. 하와이는 하나만 언급하기 어려울 정도로 모든 분야 과학자들이 찾는 살아 있는 자연사박물관입니다. 먼저 비행기가 호놀룰루 공항에 착륙하기 전부터 보이는 우뚝 솟은 분화구, 해안을 둘러싼 용암지대를 마주하면 이곳은 화산학자들의 땅이라는 생각이 듭니다.

하와이제도는 끊임없이 꿈틀거리는 땅입니다. 약

70만 년 전부터, 지구 내부의 고정된 자리에 있는 마그마를 저장한 열점에서 용암이 분출해 섬이 생겼습니다. 그 뒤 열점 위에 놓인 태평양판이 이동하면서 하와이제도의 섬이 차례대로 만들어졌습니다. 태평양판이 움직이지 않았다면 하와이는 하나의 섬으로 남았을 겁니다. 그러나 하와이 화산은 여전히 살아 숨 쉬고 있습니다.

하와이제도에서 가장 큰 빅아일랜드섬에 위치한 킬라우에아 화산은 1983년 이후로 계속 용암을 분출했고 섬의 면적이 약 2.3제곱킬로미터 넓어졌습니다. 그리고 빅아일랜드섬 근처 바닷속에는 산 정상부가 해수면 기준으로 1킬로미터 밑에 있는 로이히 화산이 존재합니다. 화산학자들은 약 5만 년 뒤에 로이히 화산 정상이 해수면 위로 드러날 거라고 말합니다. 이렇게 하와이의 역동적인 화산활동은 경사가 완만하고 고도가 높은 지형을 만들었고 천문학자들의 이목을 끌었습니다.

빅아일랜드섬에는 열점의 화산활동 때문에 높이가 4,200미터가 넘는 큰 산이 생겼습니다. 바로 천문학의 성지로 불리는 마우나케아입니다. 높은 고도는 천체 관측에 최적의 조건입니다. 또한 천체망원경을 설치하려면 습도가 낮아야 하는데 마우나케아산 정상은 항상 건조한 상태가 유지됩니다. 게다가 구름보다 높게 솟은 봉우리의 대기가 청명합니다. 관측의 정확도를 높이려면 대기 중에 먼지 같은 오염물질이 없어야겠지요.

마지막으로 이곳에는 완벽한 어둠이 존재합니다. 주위가 어두울수록 별들이 밝게 빛납니다. 심지어 빅아일랜드섬은 저위도에 자리해 북반구와 남반구 하늘을 모두 관측할 수 있습니다. 그야말로 천문학을 연구하기에 더할 나위 없는 조건을 갖추었습니다. 현재 마우나케아산 정상에는 13개의 천문대가 자리 잡고 있습니다.

2009년 가을, 처음 하와이로 탐험을 떠날 때의 흥분을 잊을 수가 없습니다. 지구에서 가장 큰 천문대에 간다는 설렘에 시차도 느끼지 못했습니다. 마우나케아산에 가장 먼저 세워진 일본국립천문대 스바루망원경에 계시는 표태수 박사님과 연락이 닿아 동행했습니다. 박사님은 관측천문학을 공부하셨지만 한국에는 대형 천체망원경이 없어 일본에서 학위를 받고 스바루천문대에서 연구하십니다.

천문대로 가기 전, 힐로에 있는 오니즈카 국제천문센터를 들렀습니다. 마우나케아에 있는 천문대들의 본부가 바로 이곳에 있습니다. 우주를 관측한다고 하면 망원경에 직접 눈을 대고 밤하늘을 보는 천문학자를 연상합니다. 그런데 요즘은 기술의 발달로 원격지에서 천체망원경을 제어해 관측이 가능합니다. 박사님께서는 센터 내에 있는 스바루천문대 원격 관측동을 보여주셨습니다. 심지어 일본 도쿄에서도 7,000킬로미터 떨어진 곳에 있는 망원경을 원격 제어한다고 해서 놀라기도 했습니다.

스바루천문대로 가는 길에 건설에 얽힌 이야기를 들었습니다. 천문대를 지으려면 거대한 건설자재를 정상으로 운반해야 하는데, 큰 트럭이 다닐 도로가 없었습니다. 일부 구간은 용암으로 덮여 있어 난관에 부딪혔습니다. 이때 미 육군이 도로 건설에 참여해 결국 빅아일랜드섬을 가로지르는 새들로드가 완공되었습니다. 새들로드는 '말안장 길'이라는 뜻으로, 낙타 등처럼 구불구불합니다. 단단한 용암지대를 피해 도로를 건설하다 보니 이러한 형태로 길이 생겼습니다. 새들로드에서 바라본 풍경은 제주 동쪽 오름군에서 바라본 한라산의 모습을 쏙 빼닮았습니다. 만년설이 쌓인 것도 장관이지만 새들로드를 가운데 두고 양쪽으로 보이는 해발 4,000미터가 넘는 산들, 마우나케아와 마우나로아를 만나는 일은 어디에서도 경험할 수 없는 장엄함으로 다가왔습니다.

1994년 여름, 스바루망원경의 주 반사경을 옮길 때 힐로부터 산 정상까지 한 달이 걸렸다고 합니다. 지름 8.2미터의 거대한 거울인 반사경을 해발 4,000미터까지 옮기는 여정은 상상을 초월합니다. 반사경으로 쓰일 유리 렌즈는 뉴욕에서 제조해 펜실베이니아에서 연마한 뒤 이곳 하와이에 설치되었습니다. 7년에 걸쳐 정성스럽게 제작된 반사경은 세심한 주의를 기울여 최종 목적지인 마우나케아산 정상으로 운반되었습니다. 퇴역한 우주왕복선을 옮기기 위해 도로를 통제하고 시설물을 재배치하며 아주 천천히 이동하던 장면이 떠오르기도 했습니다.

마우나케아산은 한 번에 정상까지 오를 수 없습니다. 가는 동안 산소가 희박해져 고산병 증세가 나타나기도 해서, 해발 2,800미터 지점인 할라포하쿠에서 휴식을 취한 뒤 16세 이상만 정상에 갈 수 있습니다. 천문학자들 역시 이곳에 있는 관측자 방문소를 오가며 연구합니다.

할라포하쿠에서 꼭대기까지는 약 30분이 걸리는데 출발하기 전, 표태수 박사님께서는 절대 뛰면 안 된다며 주의를 주셨습니다. 산소가 부족해 빈혈이나 두통이 생길 수 있기 때문입니다. 심지어 생각조차 깊게 하지 말라고 하셨습니다. 저는 태평양 한가운데 있는 휴양지에서 산소 걱정을 하게 될 줄은 꿈에도 몰랐습니다. 당부를 듣고 출발하자마자 주의 사항은 곧바로 현실이 되었습니다. 해수면 대비 기압이 3분의 2밖에 되지 않아 과자 봉지가 부풀어 오르기 시작했고, 빈 플라스틱 물병은 이미 찌그러져 있었습니다.

대화조차 최소화한 채 달 표면과 닮은 풍경을 보며 정상 부근에 오르자 거대한 천문대들이 모습을 드러냈습니다. 건물 8층 높이의 스바루천문대 옆으로 세계에서 가장 배율이 높은 광학망원경인 W. M. 켁천문대W. M. Keck Observatory의 쌍둥이 망원경이 눈앞에 펼쳐졌습니다. 감탄도 잠시, 한참을 가만히 서 있었습니다. 지구에서 가장 외딴 섬의 산 정상에서 우주를 향해 선 거대한 천체망원경이 성직자처럼 보였습니다. 아주 오래전 우주에서 탄생했거나 소멸된 별의 희미한 빛을 모으는 고독한 존재로 느껴졌습니다.

인간의 눈으로 볼 수 있는 가장 희미한 별의 겉보기 등급은 6 정도입니다. 8.2미터의 거울 렌즈를 단 스바루망원경은 사람의 눈과 비교하면 100만 배 이상의 집광 능력(빛을 한곳에 모으는 능력, 스바루망원경은 겉보기등급 27까지 관측 가능)을 가졌습니다. 이러한 설명을 들으며 박사님의 안내로 천문대에 들어가 보호 장비를 착용한 뒤 엘리베이터를 타고 망원경이 있는 돔으로 올라갔습니다.

43미터의 원통형 돔 안에 높이 22미터의 망원경이 설치되어 있었습니다. 돔은 지구 표면을 따라 흐르는 대기의 난기류로부터 망원경을 보호합니다. 관측 준비를 위해 망원경을 테스트하는 모습을 숨죽이며 지켜보았습니다. 제어실에서 작동을 시작하자 돔의 천장이 열리면서 무게 2,000톤의 원통형 돔과 612톤의 망원경이 지름 40미터의 원형 레일을 따라 함께 회전했습니다. 기계장치의 움직임이라기보다 고층 빌딩 하나가 움직인다는 느낌을 받았습니다. 약 3,000톤짜리 기계장치가 움직였지만 놀랍게도 진동을 느낄 수 없었습니다.

잠시 뒤 방향을 설정했고, 망원경이 상하로 움직이며 관측 대상을 바라보았습니다. 육중한 망원경이 작동하는 동안 돔 아래층에서는 수백 개의 저장 장치와 기계 설비가 분주하게 움직였습니다. 표태수 박사님은 연간 수천 명의 일본인이 스바루망원경을 방문한다고 말씀하셨습니다. 망원경은 우주를 연구하기 위해 만든 관측 장비지만 한편으로는 문화적 랜드마크라고 할 수 있습니다. 매일 밤 인간이 만든 가장 정밀한 기계가 우주를 바라보고 있다는 사실만으로도 가슴이 웅장해지는 기분이 들었습니다.

우주는 가서 직접 보기에는 너무도 멉니다. 우주를 조금이나마 가깝게 보고 싶었던 인간은 망원경이라는 혁신적인 도구를 만들었습니다. 최초의 망원경은 1608년 네덜란드의 안경 기술자 한스 리퍼세이Hans Lippershey가 만든 굴절망원경입니다. 몇 년 뒤 그리스 수학자인 갈릴레오 갈릴레이가 망원경을 개선해 천문 관측에 사용했습니다. 망원경의 형태는 목적에 따라 다양하지만 궁극적인 쓰임새는 빛을 모으는 겁니다. 가시광선 대역의 빛을 초점으로 모아 확대한 상을 만듭니다. 결국 빛을 많이 모을수록 상이 선명해지겠지요.

망원경 발전의 역사는 '누가 더 큰 렌즈나 거울을 만드는가'라고 할 수 있습니다. 지금처럼 렌즈가 큰 망원경을 만들기 위해서는 협력이 필요합니다. 막대한 예산이 들어가기 때문입니다. 우리나라도 세계 최대 광학망원경인 거대마젤란망원경Giant Magellan Telescope, GMT 제작에 참여하고 있습니다. GMT는 칠레 아타카마사막의 라스캄파나스천문대Las Campanas Observatory에 세워집니다. 이 망원경은 8.4미터 원형 반사경 7장을 벌집 모양으로 배치해서, 구경 24.5미터의 단일 렌즈 망원경과 동일한 성능을 갖게 됩니다.

우주를 보는 거대한 눈이 완성되면 우리는 더 먼 우주를 관측할 수 있습니다. 빅뱅 직후 급팽창에 의한 우주 생성의 수수께끼를 푸는 실마리를 찾을 수 있을지 모릅니다. 또한 천문학의 오랜 숙원인 지구와 닮은 외계 행성을 찾는 데도 도움이 될 것입니다. 망원경의 렌즈가 뛰어난 성능을 보여도 한계는 존재합니다. 마우나케아산이 최적의 관측지인 것은 맞지만, 망원경이 포착한 영상은 대기의 산란 현상 때문에 흐릿하게 나타납니다. 지구 대기는 봄날의 아지랑이처럼 불안정합니다. 관측하려는 별의 빛이 대기를 통과하면서 상이 흔들려버립니다. 산란 현상 덕분에 우리는 반짝이는 별을 볼 수 있지만 천문학자들에게는 고민거리가 생기는 것이지요.

그래서 나온 기술이 적응광학입니다. 표태수 박사님은 밤이 되면 산 정상에 레이저쇼가 열린다고 했습니다. 저는 그날 밤 할라포아쿠에서 레이저쇼의 실체를 확인했습니다. 짙은 어둠이 내려앉자 켁천문대와 스바루천문대에서 우주를 향해 레이저를 발사했습니다. 레이저를 쏘면 하늘에 인공 별이 만들어집니다. 이 별은 일종의 기준점이 됩니다. 대기가 안정적이면 레이저로 만든 별이 어떻게 보이는지 알고 있기 때문에, 망원경이 관측한 영상과 레이저 영상을 비교해 보정 작업을 거쳐 선명한 상을 만들어냅니다.

박사님은 영화 〈우뢰매〉의 상상이 현실이 되었다고 말씀하셨습니다. 1986년 개봉한 〈우뢰매〉에는 소백산천문대에서 레이저를 발사해 외계인을 물리치는 장면이 나옵니다. 당시 영화를 보고 허황된 설정이라고 생각했는데 마우나케아의 천문대에서 레이저 가이드 별 시스템으로 현실화되었다는 겁니다.

천문학의 본질은 무엇일까요. 관측하고 증명하는 현실적인 일도 많겠지만 그 이면에는 '〈우뢰매〉의 상상력'이 필요하다고 생각합니다. 미지의 세계를 탐색하는 천문학에서 상상력이 빠진다면 한걸음도 더 나아갈 수 없지 않을까요? 우주를 관측하는 천문대는 분명 연구 시설입니다. 하지만 문화적 상징이 되기도 합니다. 별 볼 일 없는 세상에서 별과 조금 더 친해질 수 있다면 삶이 조금 더 풍성해지지 않을까 합니다.

마우나케아산을 오르던 기억을 되새기니 박보검이 부른 〈별 보러 가자〉라는 노래가 생각납니다. 가사 내용처럼 찬바람이 불면 대기가 건조해 별이 더 빛납니다. 찬바람이 부는 계절이 오면 여러분은 누구와 함께 별 보러 가고 싶으신가요?

울프크릭 운석공에서
바라본 우주.

서호주 사막에서
만난 우주

밤하늘에 보이는 별의 모습이 나라마다 다르다는 사실, 알고 계신가요? 바로 올려다보는 하늘이 다르기 때문입니다. 같은 시간에 밤하늘을 봐도 관측자의 위치에 따라 모습이 완전히 다릅니다. 이를테면 남반구와 북반구의 밤하늘에는 전혀 다른 별이 반짝입니다. 호주 같은 남반구 하늘에서는 보이지만 한국에서는 보이지 않는 것 중 하나가 남십자자리입니다. 남십자성이라고도 부르는 이 별자리는 남위 75도 아래의 밤하늘에서만 볼 수 있습니다. 십자가 모양을 닮은 남십자자리는 방향을 찾는 길잡이 역할을 합니다. 남반구는 북반구의 북극성처럼 밝게 빛나는 별이 없기 때문에 대항해시대 선원들은 남십자자리를 보고 방향을 찾았습니다. 북반구에서 북두칠성으로 정북 방향을 찾듯이 남반구에서는 남십자자리로 정남 방향을 찾았습니다.

북반구에서 유명한 오리온자리는 호주와 한국에서 모두 볼 수 있습니다. 빛 공해가 심한 하늘에서도 잘 보이는 오리온자리라면 어딜 가든 찾을 수 있다고 말씀하시는 분도 계실 겁니다. 다만 남반구에서 본 오리온자리는 모양이 반대로 뒤집혀 있으니 참고해주세요. 밤하늘에 뜬 모든 별을 한자리에서 관측할 수 없을 만큼 우주는 넓고 깊습니다. 내가 바라보는 별이 누군가 바라보는 별의 모습과 다르다는 생각을 해본 적이 없어서일까요? 문득 태양계 너머 어딘가 있을지 모르는 미지의 존재를 만난 듯 기분이 설렙니다. 다른 밤하늘을 올려다본다는 것은 새로운 우주를 보는 일입니다. 이런 점이 밤하늘 여행이 주는 가장 큰 매력이 아닐까 합니다.

여행 취향은 개인마다 다릅니다. 하지만 인생을 살며 한 번쯤은 밤하늘을 가득 메운 별을 가슴에 담아 보는 것도 묘미라고 생각합니다. 말씀드렸듯이 밤하늘의 모습은 위도에 따라 달라집니다. 평소와 다른 밤하늘을 보고 싶다면 우리나라와 위도가 다른 나라로 떠나면 됩니다. 이제 우리와 정반대 위도에 있는 캥거루의 나라 호주로 밤하늘 여행을 떠나볼까 합니다.

저는 호주와 인연이 깊습니다. 처음 탐험을 했던 곳이 호주였고 호주 사람들도 가보기 어렵다는 서호주의 사막을 수도 없이 다니기도 했습니다. '서호주'라고 지칭하는 곳은 호주의 6개 주 가운데 가장 큰 면적을 차지합니다. 시드니에서 국내선 비행기를 타고 다섯 시간을 더 가면 관문 도시 퍼스에 도착합니다. 우리나라에 비해 빛 공해가 덜하지만 호주의 대도시 역시 별을 보기에 좋은 환경은 아닙니다. 완벽한 밤하늘을 만나려면 조금의 수고가 필요합니다.

해 질 무렵 퍼스에서 차를 타고 한 시간 정도 나가면 어느새 주변이 컴컴해집니다. 정말 칠흑같이 어둡다는 표현이 맞을 겁니다. 차창 너머로도 별이 보일 만큼 시야가 좋습니다. 한적한 사막이라고 해서 긴장을 놓을 순 없습니다. 더위를 피해 밤에 활동하는 동물들이 등장하는 시간이기 때문입니다. 여러분께 소개하고 싶은 별 포인트는 피너클스사막입니다. 서호주를 대표하는 여행지이기도 합니다. 우리가 흔히 아는 일반적인 사막은 아닙니다. 고깔모자처럼 생긴 돌기둥 2만여 개가 솟은 기이한 풍경이 펼쳐지지요.

　이곳은 낮과 밤의 분위기가 극단적으로 다릅니다. 낮의 사막은 독특한 돌기둥을 배경으로 사진을 남기기 좋은 모습이라면, 밤이 되면 마치 다른 행성에 도착한 듯한 기분이 듭니다. 오래전 인도양을 항해하던 뱃사람들은 달빛에 형상을 드러낸 돌기둥 사막을 보며 잃어버린 고대 도시라고 생각했습니다. 어두운 가운데 빛을 받은 돌기둥은 윤곽이 더 뚜렷해집니다. 덩치가 큰 것은 높이가 5미터에 이르는데 위엄을 뽐내는 원시 부족의 족장처럼 느껴집니다. 어떨 때는 외계 행성에 사는 생명체를 마주하는 기분도 듭니다.

　밤 시간에 이곳을 찾는 이유는 완벽한 대칭을 보여주는 은하수와 무수히 많은 별을 눈에 담을 수 있기 때문입니다. 처음 이 사막에 도착했을 때 은하수를 왜 '밀키웨이milky way'라고 표현하는지 직감적으로 알게 되었습니다. 밀키웨이는 우유가 흐르는 강이라는 뜻입니다. 정말 하늘에 우유를 부은 것처럼 빛나는 별이 가득 채워져 있습니다. 은하수가 이렇게 많은 별로 이루어졌다는 사실을 발견한 사람은 바로 우리가 잘 아는 천문학자 갈릴레오 갈릴레이입니다.

　은하수는 지구에서 '우리은하'를 바라본 모습입니다.

우리은하의 중심부에는 태양계 행성들과 성운, 성단이 가득 모여 있습니다. 우리은하는 별들의 마을이고, 지구는 그 마을에 사는 구성원입니다. 우주에는 이런 은하가 수천억 개 존재합니다. 지름이 약 10만 광년으로 원반처럼 생긴 우리은하도 그중 하나이고요.

은하수는 계절에 따라 밝기 차이가 납니다. 밝게 빛나는 은하수를 보려면 겨울보다 여름을 추천합니다. 여름철에는 태양, 지구, 은하 중심 순서대로 배열되기 때문에 지구에서 우리은하의 중심을 잘 볼 수 있어 별이 많습니다. 하지만 겨울에는 지구, 태양, 은하 중심으로 배열되어 우리은하의 바깥쪽을 보기 때문에 별이 적고요. 은하수 관측은 계절의 영향도 받지만 위도의 영향도 받습니다. 그래서 남반구에서 보는 은하수는 여러모로 각별합니다. 우리가 사는 북반구에서도 은하수를 볼 수 있지만 우리은하의 전체 모습은 아닙니다. 우리은하의 중심 방향은 궁수자리인데, 북반구 중위도에서는 궁수자리가 전부 보이지 않습니다. 이것이 바로 아마추어 천문가들이 남반구로 별 관측을 가는 이유입니다.

더욱 놀라운 건 피너클스사막에서는 우리은하 주변을 공전하는 대마젤란은하와 소마젤란은하를 맨눈으로 볼 수 있다는 사실입니다. 은하수 옆으로 구름처럼 생긴 별 무리가 배열되어 있습니다. 여기서 큰 구름이 대마젤란은하, 작은 구름이 소마젤란은하입니다. 우리은하에서 각각 17만, 18만 광년 떨어진 은하계를 직접 눈으로 확인할 수 있다는 사실이 경이롭습니다. 사실 육안으로 볼 수 있는 은하는 많지 않습니다. 그래서 더 먼 은하를 관측하기 위해 망원경이 등장했고, 이제 접시 모양의 전파망원경이나 대기권 밖에 떠 있는 허블우주망원경을 통해 맨눈으로 확인하기 어려운 은하의 모습을 관찰하게 된 것입니다.

밤새 별이 쏟아지는 사막에 누워 있으면 이 우주에 정말 우리뿐일까라는 근원적인 질문을 품게 됩니다. 처음 호주에 탐험을 왔을 때 함께한 대원이 은하수를 보며 "실의에 빠진 사람들이 이 별을 볼 수 있다면 얼마나 좋을까요. 분명히 자신에 대해 다시 생각하게 될 것 같습니다"라는 말을 했습니다. 천문학적 시선으로 본 우리는 별의 먼지입니다. 별의 먼지에서 지금의 존재로 태어나 살아간다는 것만으로도 우리 모두는 소중하다는 생각이 듭니다.

과학자들이 서호주를 탐험하는 또 다른 이유는 지구에서 생명체의 기원을 탐구하기 가장 적합한 지역이기 때문입니다. 이러한 연구는 '지구에만 생명체가 존재할까'라는 의문에서 출발합니다. 답은 아직 없습니다. 다만 지구에서 가장 먼저 생긴 생명체는 무엇인지를 탐구하다

보면 어떻게 생명체가 진화해왔는지, 지구가 아닌 다른 천체에도 생명체가 존재하는지에 대한 거대한 질문을 완성할 수 있을 겁니다. 이런 이유로 생명체 기원을 연구하는 NASA 우주생물학자들이 서호주 외딴 해변 해멀린풀을 찾습니다.

지구에서 가장 외진 해변으로 불리는 이곳에 가면 원시 지구의 생명체 흔적인 스트로마톨라이트stromatolite를 만날 수 있습니다. 스트로마톨라이트는 그리스어로, '바위 침대'라는 뜻입니다. 얕은 해안가에 버섯처럼 생긴 바위들이 붙어 있는 듯 보입니다. 이 바위에는 지구에 최초로 등장한 단세포 생명체인 시아노박테리아cyanobacteria가 살고 있습니다. 지구가 생기고 10억 년쯤 뒤에 등장했습니다. 먹이 경쟁에서 밀려난 이 단세포 미생물은 태양 빛을 이용해 광합성을 시작했고 부산물로 산소를 대기 중으로 뿜어냈습니다. 이산화탄소와 질소로 가득했던 원시 지구를 산소가 풍부한 대기로 바꾼 일등 공신이 이 미생물입니다. 이때부터 산소로 호흡하는 다세포생물이 등장했습니다.

영국 출신의 유명 작가 빌 브라이슨Bill Bryson은 여행기 집필을 위해 일곱 번이나 호주를 여행했지만 출간을 미루고 있었는데, 출판사에 그 이유를 스트로마톨라이트를 아직 보지 못했기 때문이라고 말했습니다. 결국 마지막 여행에서 스트로마톨라이트를 본 그는 겉모양은 초라하지만 35억 년 전 세상을 경험하는 특별한 순간이었다고 말했습니다. 스트로마톨라이트를 처음 본 사람이라면 볼품없이 생긴 바위를 보고 실망할 수도 있습니다. 하지만 그 바위에 담긴 의미를 이해하는 순간 우리는 어디서 왔는가에 대한 뜻깊은 질문을 하게 됩니다. 오래전 한 예술가와 해멀린풀에 간 적이 있었습니다. 복잡한 설명을 듣던 그는 스트로마톨라이트에 '숨 쉬는 바위'라는 애칭을 붙여주었습니다.

그 어떤 과학적 해석보다도 스트로마톨라이트의 가치를 잘 표현했다고 생각합니다. 해변에서 스트로마톨라이트를 보던 NASA 과학자들도 다르지 않았습니다. 이 못생긴 돌을 한참 동안 바라보며 작은 목소리로 '아름답다, 경이롭다'는 말만 반복했습니다.

노을이 질 무렵 해안가에 앉아 스트로마톨라이트를 보면 마치 지구가 처음 만들어지던 시절로 돌아가는 기분이 듭니다. 잠시 후 별과 은하수가 등장하면 미생물의 코스모스와 별의 코스모스가 만나는 장관이 펼쳐집니다. 과학자들은 지구와 화성이 비슷한 시기에 만들어졌기 때문에 화성에도 스트로마톨라이트가 있을 거라고 이야기합니다. 물론 지구처럼 살아 있지 않고 화석 형태로 존재할 수도 있다는 말입니다.

이곳에 함께 왔던 우주생물학자 노라 노프케Nora Noffke 박사에 따르면 미생물에 의한 퇴적 구조가 화성에서도 발견되었다고 합니다. 2021년 2월, 화성에 착륙한 NASA의 화성 탐사선 퍼서비어런스Perseverance의 임무 중 하나도 스트로마톨라이트 화석을 찾는 거라고 하니 곧 역사적인 발견이 일어날 것 같습니다.

마지막으로 별 여행을 떠날 장소는 서호주 북부 킴벌리에 있는 울프크릭 운석공입니다. 킴벌리 지역은 찾는 이가 드문 아웃백입니다. 지구에서 두 번째로 큰 울프크릭 운석공을 비롯해 데본기의 거대한 산호 화석, 호랑이 줄무늬를 닮은 사암층이 빚어낸 벙글벙글레인지까지 장엄한 자연이 눈을 즐겁게 만듭니다.

물론 킴벌리 어디에서 별을 봐도 아름답지만 울프크릭 운석공을 꼽는 이유는 바로 이곳이 운석 충돌로 만들어졌기 때문입니다. 운석 충돌로 생긴 지형을 분화구라고도 부르지만 운석공(크레이터)이 더 정확한 표현입니다. 킴벌리 지역을 관통하는 깁리버 도로에서 200킬로미터 정도 우회하면 울프크릭 운석공이 나옵니다.

우리가 모르는 사이에도 지구는 우주에서 계속 날아오는 운석들과 충돌하고 있습니다. 운석은 대부분 소행성의 파편입니다. 대기권에서 소멸되지 않고 땅에 충돌한 운석은 사발 모양의 운석공을 만듭니다. 폭이 1킬로미터 정도 되는 구덩이를 만들 수 있는 운석이 지난 10억 년 동안 13만 개나 충돌했습니다. 하지만 지구의 표면은 지진, 화산 같은 지질학적 활동이 활발해 운석공이 원형을 간직하기 어렵습니다. 그 가운데 울프크릭 운석공은 원래 모습을 거의 유지해 운석 연구자의 관심을 독차지합니다.

저는 인생 첫 탐험 때 울프크릭 운석공에 갔습니다. 책에서만 읽은 것을 직접 눈으로 확인하고 싶었습니다. 내부를 들여다볼 수 있는 그리 높지 않은 능선에 서서 바라본 운석공은 형용할 수 없이 아름다운 자태였습니다. 누가 봐도 '이것이 바로 운석공이다'라고 할 만큼 형태가 뚜렷했습니다. 그날 밤 운석공 가운데에 한참을 누워 있었습니다. 운석공에서 하늘을 보니 긴 꼬리를 흩날리며 쏟아지는 유성의 모습이 신비롭게 느껴졌습니다. 울프크릭 운석공 주변에 살고 있는 호주 원주민들은 운석공에 떨어진 것이 무지개 뱀이라고 이야기합니다. 무지개 뱀이 자신과 조상을 연결해준다고 믿어 자주 이곳을 찾아와 밤을 보낸다고 합니다. 제게 운석공에서 보낸 시간은 특별한 기억으로 남아 있습니다. 한편으론 늘대개 딩고가 나오면 어쩌나 걱정도 했고요.

우주에서 날아온 물체가 지구에 충돌해서 만들어진 운석공이, 땅에 새겨진 우주의 나이테 같다는 생각이 들었습니다. 한때는 어느 행성의 일부였을지 모를 운석에 대한 연민도 들었습니다. 보이지 않는 힘에 이끌려 긴 여행의 종착지로 지구를 선택한 우주여행자인 셈이지요. 실제로 운석은 태양계 기원과 초기 진화를 이해하는 중요한 단서입니다.

다큐멘터리 촬영을 인연으로 만난 운석학자 필립 브랜드Philip Bland 박사는 오랜 시간 호주의 운석을 연구했습니다. 운석학자에게는 사막에서 운석을 찾는 일이 가장 중요합니다. 그리고 운석의 기원을 찾기 위해 혜성도 연구합니다. 둘을 구분해서는 지구와 우주를 제대로 알 수 없을 겁니다. 결국 운석을 이해한다는 것은 우주를 이해하는 일이기도 합니다.

저는 남반구의 아름다운 밤하늘을 볼 때마다 듣는 노래가 있습니다. 돈 매클린Don McLean이 부른 〈빈센트Vincent〉입니다. 빈센트 반 고흐를 기리기 위해 만든 곡인데, '이제 난 알 것 같아요. 당신이 내게 무엇을 말하려고 했는지'라는 가사가 나옵니다. 저 역시 지구로 온 운석에 같은 말을 들려주고 싶습니다.

테리지노사우루스 둥지,
화석 발굴의 현장.

고비사막의 초원, 공룡 그리고 별

저는 충남 공주의 시골 마을에서 어린 시절을 보냈습니다. 마을에서 꽤 떨어진 곳에 집이 있었고요. 해 질 때까지 밖에서 놀면 돌아가는 길이 늘 걱정이었습니다. 논두렁을 지나 마을 어귀에서 집까지 이어진 신작로를 한참 걸었습니다. 귀뚜라미 우는 소리에 화들짝 놀라 마당 불빛만 보고 뛰기도 했습니다. 그때 어두운 길을 달리며 올려다본 밤하늘이 또렷하게 기억납니다. 신기하게도 별을 보면 놀란 마음이 진정되곤 했습니다. 돌이켜 보면 제 십대의 별에 대한 기억은 이것이 전부입니다.

별과 다시 만난 건 군대에서였습니다. 1997년 어느 여름밤 이등병 계급을 달고 첫 경계 근무를 나갔습니다. 그날 홍천의 밤하늘은 경직된 이등병의 마음을 녹일 정도로 별이 가득 차 있었습니다. 다시 별을 만난 기념으로 휴가 때 서점에 들러 〈과학동아〉를 샀습니다. 20년 넘게 보았던 붉은 별의 이름은 '화성'이었고 인공위성이라고 우겼던 것은 '금성'이었습니다. 전역 전날 연병장에서 본 밤하늘은 아름다움을 넘어 빅뱅 우주로 다가왔습니다. 여태껏 탐험가로 살아온 이유도 그 시절 우주에 대한 동경 때문인지도 모르겠습니다.

두 번째 탐험을 몽골로 간 것 역시 반은 공룡에 대한 호기심, 나머지 절반은 밤하늘에 대한 기대였습니다. 우리에게 몽골은 칭기즈칸과 광활한 초원이 연상되는 나라입니다. 덧붙이면 공룡학자들은 몽골을 공룡의 땅이라고 부릅니다. 어떤 수식어가 더 어울릴까요? 공룡이 훨씬 오래전에 살았으니 저도 공룡의 땅이라고 부르겠습니다.

공룡은 1억 5,000만 년 이상 지구를 호령했습니다. 중생대에 살았던 과거의 동물이니 직접 볼 수는 없습니다. 단지 화석 증거를 통해 공룡의 종류와 크기를 상상할 뿐입니다. 공룡 화석을 찾으려면 우선 공룡이 살았던 중생대 퇴적층을 찾아야 합니다. 몽골 고비사막은 중생대 퇴적층이 잘 보존된 땅으로, 공룡 탐사의 천국입니다. 여름이면 새로운 화석을 찾기 위해 세계의 공룡학자들이 고비사막으로 탐험을 떠납니다.

우리나라에도 공룡을 연구하는 학자들이 있습니다. 한국을 대표하는 공룡학자로는 서울대 이융남 교수님이 계십니다. 연구자로서의 활동도 대단하시지만, 공룡에 빠져 있는 아이들 사이에서는 슈퍼 히어로로 불리는 과학자입니다. 저는 이 교수님을 2013년에 처음 만났습니다. 매해 여름 해외 공룡학자들과 탐사를 가는데, 여기에 일반인 참가자들이 참여해 일손을 돕고 있다고 했습니다. 고생물학 같은 기초과학 분야의 연구를 이어가려면 대중의 관심도 중요하니 한국에서도 일반인이 참여할 기회를 만들어보자고 하셨습니다.

게다가 공룡 탐사는 전문가의 지식과 경험도 중요하지만 일단 찾는 손과 눈이 많아야 넓은 사막에서 화석을 발굴할 확률이 높아집니다. 그렇게 2013년 여름, 한국지질자원연구원 지질박물관 주최로 일반인이 참여하는 공룡탐사대가 생겼습니다. 저는 한국 공룡탐사대의 운영을 담당했고 참가자들이 안전하게 탐험에 참여할 수 있도록 돕는 역할을 했습니다. 여섯 명으로 시작된 공룡탐사대는 몇 년 뒤 스무 명 규모로 성장했습니다.

공룡 탐사의 시작은 몽골 칭기즈칸 공항에서 시작됩니다. 몽골은 모든 것이 칭기즈칸으로 통합니다. 입국장에 들어서면 칭기즈칸 동상을 만납니다. 호텔에 가는 길 곳곳에서도 칭기즈칸의 숨결을 느낄 수 있습니다. 눈에 띄는 건물이나 경치가 아름다운 곳에는 여지없이 칭기즈칸의 동상이 서 있습니다. 한때 전 세계를 호령했던 칭기즈칸의 기상과 패기가 지금도 몽골인들의 가슴에 살아 숨쉽니다.

고비사막 베이스캠프로 가기 전 울란바토르 시내에 있는 드림호텔에 여장을 풉니다. 이곳은 몽골학술원 고생물학센터 옆에 있는 4성급 호텔입니다. 호텔이라기보다 작고 허름한 여관에 가까운 시설이었습니다. 하지만 공룡학자들에게 드림호텔은 꿈에 그리는 공간입니다. 아주 오래전부터 몽골을 찾는 공룡학자들에게는 이곳에 묵는 전통이 있습니다. 국적을 불문하고 공룡학자에게는 몽골 드림호텔에 짐을 풀고 고생물학센터에 방문해 고비사막에서 발굴된 공룡 화석 표본을 보는 일이 버킷리스트에 담겨 있을 겁니다. 그러다 보니 드림호텔에 도착했다는 것은 정말로 공룡학자가 되었다는 말이기도 합니다.

여독을 풀고 다음 날 아침 로비에 가니 일본, 몽골, 아르헨티나의 공룡 탐사팀이 모여 있었습니다. 열흘간 사

창문을 열면, 우주

막에서 발이 되어줄 사륜구동차와 지원 차량에 장비를 싣는 중이었고요. 열 시간쯤 사막을 달려야 베이스캠프가 나온다고 하니 모두 긴장하는 눈치입니다.

차량 보닛 위에 양 머리뼈가 달려 있기에 이유를 물었더니 텡그리Tengri 신에게 무사 안녕을 기원하는 의미였습니다. '고비'가 '풀이 자라지 않는 거친 땅'이라는 뜻인 것만 봐도 몽골인에게 고비사막은 험한 바다 같은 존재임을 알 수 있습니다. 고비사막은 작은 초목이 자라는 초원 지대와 모래 및 작은 돌이 많은 사막으로 구분됩니다. 이런 환경에서 살아가는 유목 민족인 몽골 사람들에게 샤머니즘은 여전히 믿음과 숭배의 대상이었습니다.

몽골인들은 가축을 먹이기 위해 한 해에 네다섯 번씩 이동합니다. 날씨가 안 좋아지면 멈추고, 길을 잃었다면 근처 유목민의 게르를 찾아갑니다. 그들은 손님이 찾아오면 언제든 친절하게 맞이하는 풍습이 있습니다. 누구나 초원에서 위험에 처할 수 있고 또한 언제라도 처지가 바뀔 수 있기 때문입니다.

도시를 벗어나 20분 남짓 달리자 드넓은 초원이 나타났습니다. 초원 지대의 지평선을 보고 고도가 낮을 거라고 짐작했습니다. 하지만 몽골은 평균 해발고도가 약 1,500미터인 고원 국가입니다. 국토의 40퍼센트가량이 사막지대라서 일교차가 매우 심합니다. 그러다 보니 몽골은 극단적으로 여름과 겨울밖에 없다는 이야기도 종종 들립니다.

저녁 무렵 베이스캠프에 도착했고 이틀 전에 출발한 지원 차량이 캠프를 구축하고 있었습니다. 서른 명이 열흘 동안 의식주를 해결해야 하니 8톤 트럭 적재함에 빈틈이 없습니다. 탐사 기간 동안 이 트럭은 조리실로 바뀌고, 그 옆으로 식당 겸 본부 역할을 하는 군용 막사가 세워집니다.

이제 탐사대원들이 준비할 차례입니다. 나라별로 개인 텐트를 설치하면 베이스캠프가 완성됩니다. 베이스캠프가 잘 보이는 언덕에 올라가니 사방이 사막입니다. 주변 300킬로미터 내에 유목민 외에는 아무도 없는 곳에 있다고 생각하니 마음이 들떴습니다. 식사를 한 뒤 피곤이 밀려왔지만 포기할 수 없는 것이 있어 다시 높은 언덕을 찾았습니다.

공룡 탐사대는 해마다 8월 11일에서 13일 사이에 고비사막에 도착합니다. 이 기간은 여름철 밤하늘을 수놓는 페르세우스 유성우의 극대기로, 유성이 가장 많이 떨어지는 기간입니다. 페르세우스 유성우는 스위프트 터틀 혜성이 우주 공간에 남긴 부스러기가 지구 대기권과 충돌해

불타면서 별똥별이 비처럼 내리는 현상입니다. '페르세우스'라는 명칭은 별똥별이 나타나는 중심점이 페르세우스자리에 있기 때문입니다. 날씨만 좋으면 달이 뜨기 전까지 유성우를 관측할 수 있습니다. 잠시 뒤 약속이나 한 것처럼 밝은 빛을 내는 유성이 하나둘 보였습니다. 한 대원이 크게 소리쳤습니다.

"불덩어리가 떨어져요!"

밤하늘을 잠시 스치듯 지나가는 별똥별이 아니었습니다. 꼬리를 단 불덩어리가 육안으로 세세하게 보일 정도로 큰 유성이 3~4초에 걸쳐 땅을 향해 돌진했습니다. 놀라운 순간이었습니다. 대기권에서 다 타지 않고 떨어지는 유성은 운석이 됩니다. 크기가 작은 운석은 땅과 충돌해 파편으로 남지만 큰 운석은 엄청난 재앙을 가져오기도 합니다. 공룡의 경우가 그랬습니다.

공룡 멸종설 가운데 소행성 충돌이 있습니다. 백악기말기에 지름이 10킬로미터나 되는 소행성이 멕시코 유카탄반도에 충돌했습니다. 이 충격으로 지름 150킬로미터의 충돌구가 생겼고 거대한 해일이 육지를 덮쳤으며 지진과 화산 폭발이 일어나 지구 환경은 극단적으로 바뀌었습니다. 이때 공룡을 포함해 지구 생명체의 75퍼센트가 죽는 대량 멸종이 일어납니다. 소행성이나 운석에는 이리듐이 많이 포함되어 있습니다. 전 세계의 백악기 지층을 조사하면 이리듐 성분이 많이 검출되어 소행성 충돌설을 뒷받침합니다.

찰나였지만 공룡 대멸종의 순간을 본 것 같았습니다. 열흘 뒤 도시로 돌아와 확인해보니 불덩어리 유성을 본 날이 페르세우스 유성우의 극대기였다는 NASA 발표가 있었습니다. 유성우를 본 여운은 쉽게 가라앉지 않았습니다. 대원들과 새벽녘까지 모닥불에 둘러앉아 이야기를 나눴습니다. 우리는 어쩌다 공룡을 찾아 사막에 왔고, 사막 한복판에서 불덩어리 유성을 보게 되었을까요. 보통 인연은 아닌 것 같습니다.

공룡 탐사 첫날이 되자 탐사대원들은 의욕이 넘쳤습니다. 이른 아침부터 캠프 주변을 돌며 화석을 찾았습니다. 저 역시 처음으로 공룡 화석을 발견해 흥분해서 캠프로 뛰어왔습니다. 공룡학자에게 보여주니 흔한 늑골 화석이라고 하더군요. 늑골은 구조상 모든 공룡이 비슷비슷해 어느 공룡의 것인지 구분이 불가능합니다. 캠프에서 멀리 떨어진 지역을 살피고 온 한 대원은 직접 찍은 사진을 내밀며 티라노사우루스 두개골이 아니냐고 했지만, 고비사

창문을 열면, 우주

막에 사는 말 뼈라는 대답이 돌아와 모두 웃었습니다.

대원들이 번번이 허탕을 치자 이융남 교수님이 화석 찾는 요령을 알려주셨습니다. 우선 중생대 지층을 찾습니다. 공룡이 살았던 시대의 지층에 가야 화석이 존재합니다. 그리고 화석은 모래나 진흙 같은 물질이 쌓여서 생긴 퇴적암에서 발견됩니다. 마지막으로 비바람이나 인공 요인에 의해 퇴적암이 지속적으로 노출된 지형을 찾아야 합니다. 노출되는 과정에서 뼈 또는 화석의 일부가 드러나기 때문입니다. 기본 지식을 습득한 뒤 2인 1조로 GPS를 지참하고서 화석 찾기를 시작했습니다. 이정표가 없는 사막을 걷다가 길을 잃는 경우가 많고 화석을 발견하면 그 위치를 기록하기 위해서입니다.

점심 무렵, 각국의 공룡학자들이 한 지점에 모여들었습니다. 일본의 공룡학자가 지표면에 노출된 화석을 발견했습니다. 뼈를 둘러싼 암석을 조심스럽게 제거하고 솔이나 송곳을 이용해 화석에서 멀리 떨어진 지점부터 파나가기 시작했습니다. 노출된 뼈를 보던 학자들은 몸길이가 15미터 이상인 커다란 목 긴 공룡(용각류)의 화석일 것으로 추론했습니다. 〈아기 공룡 둘리〉에서 둘리의 엄마인 브라키오사우루스 형태의 신종 공룡일 가능성이 높다고 했습니다.

그때부터 탐사가 끝나는 시점까지 우리의 삽질은 계속 이어졌습니다. 한낮의 기온이 섭씨 40도가 넘는 열사의 사막에 엎드려 끊임없이 땅을 파고 붓질을 했습니다. 돈을 받고 하라고 해도 힘든 육체노동이었지만 누구 하나 자리를 뜨지 않았습니다. 무엇이 이토록 사람들을 집중하게 만든 걸까요? 탐사대원 중 대기업에 다니는 50대 중년 남성이 있었습니다. 전공과도 무관한 이곳에 온 이유를 물어보았습니다. 평소에 공룡이나 우주 이야기를 꺼내면 애도 아니면서 왜 그런 것에 관심을 갖느냐는 핀잔을 듣곤 했는데 이곳은 하루 종일 공룡, 우주, 탐험 이야기를 해도 좋은, 완벽하게 호기심이 보장되는 공간이어서 기쁘다 했습니다.

살다 보면 갑자기 호기심이 사라지는 시기가 찾아옵니다. 어린 시절 가슴을 설레게 했던 대상들이 시시해지고 먹고사는 일이 일상의 전부가 됩니다. 공룡을 좋아하고 모든 것을 궁금해했던 그 아이들은 다 어디로 갔을까요? 탐험 기간 동안 공룡이 살던 미지의 세상과 조우하는 일은 녹록지 않았지만, 짧은 일정은 역시 아쉬워 다음을 기약하기로 했습니다.

기술의 발달로 탐사가 편해졌다고 하지만 사실 역사 속 고생물학자들의 탐험과 다르지 않습니다. 여전히 길은

험하고, 화석을 찾는 일은 사람의 몫이었습니다. 아는 만큼 보였고 내가 아는 지식은 미미했습니다. 그렇지만 예상한 대로 현장 탐험이 주는 울림은 컸습니다. 르네상스 시대의 명작을 보면 전문 지식이 없어도 감동을 느끼듯 자연도 그러했습니다.

1억 년 전 지구를 호령하던 공룡과의 만남을 기념하며 영화 〈인디아나 존스Indiana Jones〉의 OST, 〈레이더스 오브 더 로스트 아크Raiders of the Lost Ark〉를 들려드리고 싶습니다. 이 음악을 들을 때만큼은 누구나 성배를 찾아 모험을 떠나는 인디아나 존스가 될 것이니까요.

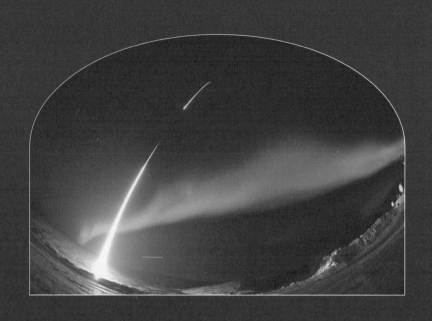

오로라 내부 관측을 위해
쏘아 올린 로켓.

알래스카와
우주 일기예보 오로라

누구나 마음속에 그려보는 자연의 풍경이 있을 겁니다. 별빛 가득한 밤하늘 아래를 걷거나 장엄한 빙하를 바라보는 일, 상상만 해도 기분 좋습니다. 탐험을 오래 다닌 저도 혼자 간직하던 풍경이 있습니다. 바로 오로라를 직접 관측하는 것입니다. 언젠가 보았던 국제우주정거장에서 촬영한 영상이 저를 오로라로 이끌었습니다. 별과 은하수는 어디서나 볼 수 있지만 북극과 남극 같은 극지방에만 모습을 드러내는 오로라가 특별하게 다가왔습니다.

오로라를 직접 보기 위해 많은 자료를 찾았습니다.

지구상에서 오로라가 가장 잘 보이는 곳은 어디일까요? 오로라 명소로 익히 알려진 캐나다 옐로나이프를 추천하는 사람이 가장 많았습니다. 어떤 이들은 핀란드를 최적의 관측지로 추천하더군요. 그런데 오로라는 특정한 나라에서 보인다기보다는 위도에 따라 관측 여부가 결정됩니다. 양 극지방의 지구자기위도 65~70도 범위를 오로라대라고 부릅니다. 접근이 어려운 남극을 제외한다면 북위 60도 이상에 포함된 지역에서 오로라를 볼 수 있습니다.

아이슬란드와 노르웨이를 후보지로 검토하다가 제가 과학기자로 일하던 시절 알게 된 김주환 박사님을 찾아갔습니다. 김 박사님은 허블우주망원경 관측 자료를 분석해 토성과 목성에 오로라가 있다는 것을 밝혀낸 토목공학자입니다. 토목공학자가 오로라 연구를 한다고 해서 어리둥절했지만 금세 의문이 풀렸습니다. 박사님은 미시간대학에서 토목학 석사과정을 밟던 중 허블우주망원경 관측 자료를 분석할 프로그래머를 찾는다는 구인 광고를 접했습니다. 유학비가 부족했던 학생은 그렇게 행성 오로라의 대가인 미시간대학 천문대기학과 존 클라크John T. Clark 교수의 연구 조교가 되었습니다.

그는 직접 만든 소프트웨어로 허블우주망원경이 관측한 목성과 토성의 영상을 처리했습니다. 그리고 2005년

〈네이처〉에 토성의 오로라 현상을 발표했습니다. 오래전 박사님의 오로라 강의를 들은 적이 있습니다. 그때 '내가 모르면 인류가 모른다'라고 말씀하셔서 크게 공감했습니다. 우주를 연구하는 모든 과학자들의 마음가짐이 비슷할 거라는 생각이 들어서였습니다.

박사님께 오로라를 보러 간다고 말씀드리니 알래스카를 추천해주셨습니다. 알래스카는 혹한의 겨울에 가기에 무리가 있다고 판단해 제외한 지역이었습니다. 이유를 여쭈어보니 토성 오로라 연구를 위해 알래스카에서 실험을 했다고 하셨습니다. 그러면서 알래스카 툰드라 지역에서 오로라 관측 로켓 실험을 한 사진을 보여주셨습니다. 이 사진을 보고 행선지를 바로 알래스카로 결정했습니다. 그 뒤 본격적인 자료 조사를 시작했습니다.

인상 깊었던 것은 토성을 연구하는 행성과학자들이 알래스카에 자주 방문한다는 사실이었습니다. 토성 고리의 주요 성분이 빙하 주변에 떠 있는 얼음덩어리와 같다는 겁니다. 알면 알수록 알래스카는 차가운 불모의 땅이 아니라 우주를 이해하는 출발점이었습니다. 오로라와 빙하에 심취해 있을 무렵, 공룡학자 박진영 박사님께 중요한 정보를 얻었습니다. 극지방은 얼음으로 덮여 있어 공룡이 살지 않았다고 생각할 수 있지만 알래스카야말로 공룡의 메카라고 했습니다. 자료를 더 찾으니 마침 오로라 관측을 위해 방문하는 페어뱅크스에 알래스카 공룡을 연구하는 과학자가 있다는 사실을 알게 되어 메일을 보내 방문 일정을 잡았습니다.

키워드를 오로라, 공룡, 빙하로 정하고 나니 세 가지 주제를 함축할 단어가 필요했습니다. 고민 끝에 탐험 이름을 '오로라사우루스를 찾아서'로 정했습니다. 오로라 밑에 살던 공룡이라는 의미를 담았습니다. 그런데 출발 일주일을 남긴 시점에 고민이 생겼습니다. 알래스카 알류샨열도에서 규모 7의 지진이 발생한 것입니다. 여러 전문가의 소견을 들은 결과, 알래스카는 환태평양화산대에 가까워 지진이 자주 발생하지만 내륙은 영향을 심하게 받지 않는다고 했습니다. 미국지리조사국USGS 사이트에 들어가 살펴보니 큰 피해는 없을 거라는 예보가 있어 마음을 놓았습니다.

한국에는 알래스카 직항 노선이 없어 하와이나 시애틀을 경유해야 합니다. 저는 반가운 마음에 하와이를 거치면서 잠시나마 이국적인 경치와 분화구를 만끽할 수 있었습니다. 스물다섯 시간의 여정 끝에 알래스카의 관문 도시 앵커리지에 도착했습니다. 11월 중순임에도 도시는 이미 순백의 눈으로 덮여 있었습니다.

창문을 열면, 우주

미국의 49번째 주인 알래스카는 원래 러시아 땅이었습니다. 혹한의 날씨와 식물이 자라기 힘든 영구동토층만이 펼쳐진 메마른 땅으로 여겨졌고요. 크림전쟁으로 재정이 어려워진 러시아에 알래스카는 골칫덩어리였습니다. 이러한 러시아의 정세를 파악한 미국의 국무 장관 윌리엄 수어드William Henry Seward는 1867년, 720만 달러로 알래스카를 사들이는 조약을 체결시켰습니다. 당시 쓸모없는 땅을 샀다며 수어드에 대한 비판의 목소리가 높았습니다. 하지만 1800년대 말, 금이 발견되었고 지금은 매장량을 알 수 없을 정도로 석유와 철광석 등의 자원이 풍부하다는 사실이 알려져 많은 사람들이 살고 있습니다. 심지어 알래스카를 수직으로 관통하는 철도의 종착지인 아름다운 항구도시의 이름이 수어드가 되었습니다.

밤늦게 공항에 도착해 여행 정보를 얻던 중 한 관측자로부터 오로라 예보를 들으니, 탐험 일정으로 잡힌 일주일 가운데 바로 다음 날만 오로라를 볼 수 있다고 했습니다. 눈이 더 내리기 전에 페어뱅크스에 도착해야 한다는 뜻이었습니다. 원래 계획은 앵커리지 남쪽에 있는 수어드 부근에서 빙하를 탐사하고, 북쪽 페어뱅크스로 이동해 오로라를 관측할 예정이었습니다. 변화무쌍한 날씨 앞에서는 빠른 의사 결정이 중요합니다. 모든 일정을 뒤로

하고 도착한 다음 날 아침, 바로 페어뱅크스로 떠나기로 했습니다.

이른 아침 햇빛에 반사된 눈은 몽환적인 분위기를 연출했습니다. 콧속으로 스며드는 청량한 공기가 뇌를 깨우는 기분이 들었습니다. 잘은 몰라도 알래스카의 공기 순도가 높다는 생각이 들었습니다. 실제로 공기가 가장 깨끗한 지역은 어디일까요? 콜로라도 주립대학과 호주기상국의 연구에 따르면, 호주와 남극대륙 사이에 있는 남위 40도 해상이라고 합니다. 인간 활동에 의한 간섭을 전혀 받지 않아 공기 중에서 에어로졸이 검출되지 않았습니다.

찬 공기를 들이마시며 앵커리지에서 북쪽으로 약 600킬로미터 떨어진 페어뱅크스로 출발했습니다. 주변의 산맥과 들판은 눈으로 덮여 있었지만 도로는 제설이 이루어져 차량의 움직임에는 문제가 없었습니다. 이동 중 저 멀리 보이던 디날리국립공원은 정적이 흐르는 새하얀 공간이었습니다. 디날리국립공원에는 북아메리카에서 가장 높은, 해발 6,190미터의 맥킨리산이 있습니다. 당장이라도 방향을 바꿔 들르고 싶었지만 겨울에는 국립공원을 폐쇄하기 때문에 다음을 기약하기로 했습니다.

알래스카에서 두 번째로 큰 도시인 페어뱅크스는 세계적인 오로라 관측지입니다. 도시의 규모는 작지만 알래

창문을 열면, 우주

스카대학 페어뱅크스 캠퍼스 안에 국제극지연구센터가 있는 북극 연구의 중심지이기도 합니다. 페어뱅크스 초입에 들어서자마자 알래스카대학 입구에 있는 온도계를 보았습니다. 큰 숫자로 영하 25도라고 표시되어 있었습니다. 듣던 대로 혹한의 추위라고 생각하는 순간, 반팔에 얇은 후드를 걸친 사람이 지나갔습니다. 주유소에 들러 물어보니 오늘이 가장 따뜻한 날씨라고 하더군요. 이곳 사람들은 영하 40도에서 50도는 되어야 패딩 점퍼를 꺼내 입는다고 했습니다. 알래스카 사람들은 기온은 낮지만 비교적 바람이 불지 않는 환경에 순응하며 살아가고 있었습니다.

페어뱅크스에 오후 2시쯤 도착했지만 날은 벌써 어둑어둑했습니다. 바로 극야 현상 때문입니다. 알래스카의 여름과 겨울은 극단적인 밤과 낮의 길이를 보여줍니다. 여름 3개월 동안은 해가 지지 않는 백야가 펼쳐지고 겨울이 되면 밤이 긴 극야가 일어납니다. 마트에는 아직 이른 시간임에도 긴 밤을 보내기 위해 저녁 식사 준비를 하는 사람들로 가득했습니다.

밤이 길다 보니 그들만의 독특한 문화도 생겼습니다. 일주일간 머물며 가장 인상 깊었던 것은 스물네 시간 열려 있는 서점이었습니다. 서점 한편에 놓인 벽난로를 중심으로 많은 사람들이 독서 삼매경에 빠져 있었습니다. 왜 추운 지방에 설화나 전설이 많은지 어렴풋이 이해가 되었습니다. 어쩔 수 없이 밤새 나눈 대화가 자연스럽게 문학과 예술로 표현될 수밖에 없었을 겁니다.

그날 밤 숙소에서 한 시간 정도 떨어진 체나핫스프링스에서 관측 준비를 했습니다. 자정이 지나자 오로라가 모습을 드러냈습니다. 처음엔 흐릿하더니 이내 짙은 녹색으로 선명해졌습니다. 직접 보기 전에는 오로라가 어떤 모습일 거라고 상상하지 말라는 이야기가 떠올랐습니다. 다큐멘터리에서 본 오로라가 치맛자락처럼 흔들리는 걸 보고 컴퓨터 그래픽 효과라고 생각했는데 정말 녹색 빛자락이 방사형으로 펄렁거리며 춤추고 있었습니다. 보자마자 짧은 탄성을 내뱉었지만 한동안 침묵했습니다. 도무지 내가 알던 세계의 모습이라고 믿기 어려웠습니다. 경이로운 대상을 마주할 때 드는 공포마저 느껴졌습니다.

오로라는 태양 활동과 밀접한 관계가 있습니다. 태양 활동은 크게 두 가지가 있습니다. 흑점 부근에서 일어나는 태양면 폭발과 코로나홀에서 플라스마가 흘러나오는 것입니다. 자기장과 플라스마로 이뤄진 대전입자(태양풍)는 지구를 향해 초속 300~700킬로미터로 날아오며, 지구 자기장을 타고 극지방으로 모입니다. 이때 고층 대기에 있는 질소 및 산소 입자와 충돌하면서 방전을 일으키며 빛을 냅니다. 오로라는 주로 밝은 녹색을 띠지만 적색을 내기도 합니다. 지상 90~150킬로미터 고도에서는 주로 녹색 오로라가 관측되지만 더 높은 곳에서는 적색이 보입니다. 이렇게 오로라는 태양의 활동과 지구 자기장의 합주로 만들어지는 빛의 교향곡입니다.

사실 오로라는 우리의 삶과 밀접한 관계가 있습니다. 오로라를 다른 말로 표현하면 인간이 유일하게 육안으로 관측할 수 있는 우주 일기예보입니다. 태양 활동이 활발해지면 그만큼 태양풍의 세기가 커져 자기장 교란 현상이 일어납니다. 자기장 교란은 GPS의 오차를 증가시키고 인공위성의 성능에 치명적인 영향을 줍니다. 장기적으로 보면 태양 활동은 인류의 삶에 큰 영향을 미치기 때문에 일기예보처럼 정확히 예측할 필요가 있습니다.

이때 김주환 박사님께서 보여주신 사진 속 오로라 관측 로켓이 연구에 중요한 역할을 합니다. 눈으로 겉만 본다면 내부에서 어떤 일이 일어나는지 정확히 알 수 없습니다. 오로라 로켓을 발사하면 로켓에 달린 관측 기기가 지상으로 낙하하면서 자료를 수집합니다. 과학자들은 지상에 떨어진 관측 기기를 회수해 오로라 내부에서 어떤 현상이 일어나는지 연구합니다.

오로라 관측 로켓은 여름에만 발사하기 때문에 그다음 여름에 알래스카를 찾아 그 장면을 지켜봤습니다. 알래스카대학에는 세계에서 유일하게 로켓 발사장인 포커 플랫 리서치 레인지Poker Flat Research Range가 있어 실험을 할 수 있습니다. 소형 로켓이다 보니 발사 카운트도 사람이 육성으로 진행하고, 조금 기다리면 총소리를 내며 오로라를 향해 로켓이 솟구칩니다. 저 로켓은 어떤 소식을 우리에게 전해줄까요?

발사를 지켜보던 중 인상적인 장면이 있었습니다. 600킬로미터 떨어진 앵커리지 콘서트홀에서 로켓 발사 생중계를 했습니다. 생중계 전후로 오케스트라가 아름다운 교향곡을 연주했습니다. 거친 대자연에서 살아가는 알래스카 사람들에게 오로라는 삶의 윤활유 같은 존재였습니다. 앵커리지 시청 앞에 가면 '지구에서 우주와 가장 가까운 도시'라는 문구가 적혀 있습니다. 지표면에서 우주까지의 거리는 어디에서나 똑같습니다. 하지만 지구에서 가장 높은 위도에서 사는 그들은 알래스카가 우주와 가장 가깝다고 생각하고 있었습니다.

무사히 오로라 관측을 마친 다음 날 알래스카대학 북극 박물관에 들렀습니다. 공룡학자 팻 드러켄밀러Pat Druckenmiller 박사님은 어젯밤 페어뱅크스로 오는 비행기에서 오로라를 봤다고 이야기하셨습니다. 그는 2016년 플로리다대학 연구팀과 함께 약 6,900만 년 전 알래스카에 살던 신종 초식 공룡 우그루나루크 쿠크피켄시스Ugrunaaluk kuukpikensis를 발견해 연구를 진행하고 계십니다. 상세 지도를 펼쳐놓고 우리에게 공룡 탐사 이야기를 들려주셨습니다.

겨울이기 때문에 현장에 가긴 어렵다며 수장고를 보여주셨습니다. 문이 열리자 그가 30년에 걸쳐 발굴한 수백 점의 화석이 간결하게 정돈되어 있었습니다. 이를 지켜보는 저에게 공룡 탐사는 일종의 빈칸 채우기라며 이야기를 시작하셨습니다. 공룡 연구를 통해 지구 역사의 빈칸을 채워가고 있다는 것이지요. 겉으로 드러나는 화려한 일은 아니지만 이런 움직임이 모여 사회를 변화시킨다고 말씀하셨습니다.

오로라와 공룡을 뒤로하고 알래스카 남부 휘티어에 있는 프린스 윌리엄 사운드 빙하에 갔습니다. 배 위에서 본 빙하는 웅장함 그 자체였습니다. 빙하 여행의 묘미는 빙산에서 얼음이 떨어져 나가는 장면을 보는 겁니다. 운 좋게 쪼개지는 빙산의 찰나를 보았습니다. 바다로 떨어진 얼음은 굉음을 내며 부서졌고 파편이 바다 위에 타원형의 패턴을 만들며 토성의 고리 구조를 연상시켰습니다. 토성의 중력에 이끌려 고리가 된 얼음 조각처럼 빙하호 주변에는 수천 개의 파편이 떠 있었습니다. 분명 경이로운 풍경이었지만 안타까운 마음도 들었습니다. 빙산이 자주 부서진다는 것은 지구 기온이 상승했다는 증거입니다.

우리는 언제까지 빙하를 마주할 수 있을까요. 기후변화에 대한 걱정이 드는 밤입니다. 마이클 잭슨Michael Jackson의 〈힐 더 월드Heal the World〉를 들으며 우리의 보금자리 지구에 대해 생각해보면 좋겠습니다.

족은노꼬메오름에서 본 은하수.

제주 용암 동굴의
새로운 시작, 은하수

대지를 뚫고 붉은 용암을 토해내는 화산을 보면 어떤 생각이 드시나요? 수전 손택Susan Sontag은 '사람들은 화산 폭발 장면을 보고 싶어 하겠지만 그들이 진정 좋아하는 것은 화산의 파괴력이 아니라 모든 무기물이 따르는 중력 법칙에 저항하는 힘일 것이다'라고 했습니다. 우리는 화산을 보며 다양한 감정을 갖습니다. 자연의 위대함을 느끼는 동시에 중력을 박차고 하늘로 솟구치는 로켓의 모습을 떠올리기도 합니다.

인간이 화성에 간다면 지구에서 그랬듯이 화산과 더

불어 사는 삶을 피할 수 없습니다. 화산은 분명 두려운 것이지만 잘만 이해한다면 화성에서 살아갈 때 없어서는 안 되는 존재입니다. 화산을 연구하는 과학자라면 다른 행성에 있는 화산에 가보고 싶을 겁니다. 하지만 직접 갈 수는 없으니 화성 탐사 로버와 궤도선이 지구로 보낸 자료를 바탕으로 이곳에서 화성의 화산과 유사한 지형을 탐험하며 연구합니다.

화산의 크기는 다르지만 제주도에도 화성의 것과 닮은 분화구와 용암 동굴이 많다는 사실을 알고 계신가요? 제주도는 2007년 '제주 화산섬과 용암 동굴'이라는 이름으로 유네스코 세계자연유산에 등재되었습니다. 우리가 유명 관광지로만 아는 제주도에는 지구상에서 이곳에만 존재하는 특별한 용암 동굴이 있습니다. 이제 그에 관한 놀라운 이야기를 들려드리겠습니다.

화산활동은 우주적인 지질 현상입니다. 특히 생명체 거주 가능 영역으로 불리는 '골디락스존Goldilocks zone'에 포함된 수성, 금성, 지구, 화성같이 표면이 암석으로 된 행성에는 과거부터 현재까지 화산활동이 이어지고 있습니다. 이 행성들 외에도 우주 화산은 여전히 진행형입니다. 가장 유명한 천체는 목성의 위성 중 하나인 이오입니다. 목성의 강한 중력 때문에 내부에 마찰열이 발생해 화

창문을 열면, 우주

산활동이 활발합니다. 달보다 조금 큰 이오는 태양계에서 가장 빈번하게 화산 분출이 일어나는 곳으로 알려져 있습니다. 이오에는 약 400개의 활화산이 존재합니다. 목성의 다른 위성들은 얼음으로 뒤덮여 있지만 이오는 표면에 용암이 흐릅니다. 게다가 중력이 작고 대기가 없어서 화산 분출물이 150킬로미터 높이까지 솟구칩니다.

이오의 화산활동은 이미 오래전부터 과학자들에게 주목을 받았습니다. 목성 탐사선 갈릴레오가 많은 관측 자료를 지구로 보냈습니다. 그리고 최근 몇 년간 하와이 마우나케아 화산 정상에 있는 켁망원경과 제미니노스망원경을 이용해 이오에서 가장 큰 화산인 로키 파테라Loki Patera를 꾸준히 관측했습니다. 약 500일 주기로 화산이 분출한다는 결과가 나왔습니다. 다른 행성이나 위성의 화산활동을 지구에서 가장 큰 화산에 있는 천문대에서 연구했다는 사실도 흥미로운 대목입니다.

이오처럼 활화산은 아니지만 태양계에서 가장 큰 규모의 화산은 화성에 있는 올림푸스 몬스Olympus Mons입니다. 높이가 무려 2만 7,000미터이고 전체 크기는 프랑스 면적과 비슷합니다. 화성의 화산이 유독 큰 이유는 화성에서는 판의 움직임, 즉 판 구조 운동이 없기 때문입니다. 지구의 껍데기에 해당하는 지각과 맨틀은 두께가 100킬로미터 정도 되는 암석입니다. 암석 아래에는 외핵과 내핵이 존재합니다. 이 핵이 바로 지각 판을 움직이는 에너지입니다. 이 에너지로 인해 지구의 지각은 끊임없이 움직이기 때문에 화산이 한없이 커지지 않고 마그마를 공급하는 통로가 막혀서 화산활동이 멈춥니다.

하지만 화성의 지각 판은 움직임이 없습니다. 판이 고정되어 있으니 마그마가 한 통로로 계속 공급되고 지표면으로 흘러내린 용암이 계속 쌓이면서 화산의 높이와 규모가 계속 커나갑니다. 그렇다고 화성에서 판의 움직임이 완전히 멈췄다고 단정 지을 수는 없습니다. 올림푸스 몬스가 자리한 타르시스Tharsis 고원에는 화성을 대표하는 화산들이 일정한 간격을 두고 위치해 있습니다. 화산의 배열이 마치 하와이제도와 유사한 형태입니다.

하와이제도 같은 열점 화산이 만들어지려면 판 구조 운동이 필요하기 때문에 여전히 의문이 남습니다. 이런 현상들로 미루어볼 때 화성은 지질학적으로 죽은 행성이 아닐 수도 있습니다. 이처럼 화성의 화산과 지구의 화산은 닮은 점이 많습니다. 올림푸스 몬스 화산, 하와이 마우나케아산, 제주도 한라산은 마치 방패를 엎어놓은 모습이어서 방패화산이라고도 부릅니다. 그럼 이제 올림푸스 몬스 화산의 축소판인 제주도 이야기를 해보겠습니다.

창문을 열면, 우주

방패화산이 만들어지려면 토마토 주스처럼 묽은 용암이 흘러야 합니다. 점성이 낮은 용암은 유속이 빨라 넓게 퍼지면서 흐르다가 식어 경사가 완만한 지형을 만듭니다. 지표면을 흐르는 묽은 용암이 식는 과정에서 용암 동굴이 생성되지요. 화성과 하와이 그리고 제주도에 용암 동굴이 많은 것도 같은 이유입니다.

용암 동굴은 오랜 시간 생명체의 안식처가 되었습니다. 형태만 보면 단조로울지라도, 익숙한 동굴 동물인 박쥐를 비롯해 그늘지고 습한 흙에서 자라는 이끼류까지 동굴은 또 하나의 생태계입니다. 화성도 마찬가지입니다. 화성 이주를 준비하는 선발대가 화성에 도착하면 가장 먼저 용암 동굴을 찾아야 할 겁니다. 영화에서처럼 화성의 지표면은 인간이 살기 어려운 환경입니다. 멋진 구조의 거주 시설을 만들어도 우주 방사선에서 자유로울 수 없습니다.

그 대안이 바로 용암 동굴입니다. 동굴에 거주 시설을 지으면 천장이 우주 방사선을 막아주는 효과가 있습니다. 무엇보다 지하로 내려갈수록 얼음이나 물을 찾기 쉬워집니다. 이런 상황을 대비해서 과학자들은 올림푸스 몬스 화산과 비슷한 하와이 마우나로아산 중턱에서 화성 거주 모의실험을 합니다. 일명 'HI-SEAS'라고 부르는 고립된 돔 구조의 거주 시설에서 여섯 명의 과학자가 생활하며 화성에서의 생존에 필요한 지식과 경험을 축적하고 있습니다. 우리는 현재 수백 명의 사람과 수천 톤의 화물을 수송할 우주선을 만드는 시대에 살고 있지만, 화성 개척자의 삶은 동굴에 거주했던 초기 인류와 크게 다르지 않습니다.

제주 동쪽에는 용암 동굴이 많습니다. 거문오름에서 흘러내린 용암이 동쪽 해안을 따라 14킬로미터 정도 흐르며 만든 12개의 용암 동굴을 일컬어 '거문오름 용암 동굴계'라고 부릅니다. 만장굴, 김녕굴, 용천동굴 같은 제주를 대표하는 동굴이 전부 포함되어 있습니다. 거문오름에서 출발해 용암이 흐른 길을 따라가다 보면 다양한 형태의 동굴을 만날 수 있습니다.

복잡한 미로 동굴인 벵뒤굴, 길이가 7.4킬로미터나 되는 만장굴 등을 살펴보면 용암 동굴의 천장이 무너져 생긴 아치가 있습니다. 다리 형태를 닮아 용암교라고 부릅니다. 용암교는 만장굴 같은 용암 동굴에서 지붕이 사라진 모습을 떠올리시면 됩니다. 겉으로 보면 하천 같지만, 오래전 용암이 흘러 지나간 흔적들이 곳곳에 남아 있습니다. 지붕이 없는 용암 하천을 보고 즉시 용암 동굴을 떠올리는 사람은 드물 겁니다. 하지만 동쪽 하늘에 금성

창문을 열면, 우주

이 보일 때쯤 용암교에 가면 별로 뒤덮인 용암 동굴을 만날 수 있습니다.

낮에는 양옆으로 우거진 나무숲이 동굴의 천장을 대신하고 밤이 되면 별과 은하수가 천장이 됩니다. 풍화로 인해 동굴 천장의 원형은 사라졌지만 자연은 인간이 상상할 수 없는 무형의 연결성으로 빈자리를 보듬어줍니다. 화산학자들은 동굴 천장이 무너지면 새로운 동굴의 시작점이 된다고 이야기합니다. 시각적으로는 천장의 붕괴지만 지질학적으로는 새로운 동굴의 입구가 만들어지는 셈입니다. 용암교와 만장굴을 지나 월정리 해안 방향으로 걷다 보면 도로 한편에서 용천동굴 입구를 만날 수 있습니다. (출입구는 보존을 위해 철문으로 닫혀 있습니다.)

2000년대 초반, 제주특별자치도와 문화재청은 유네스코 세계자연유산 등재를 추진했습니다. 생물 다양성이 뛰어난 한라산과 수성 화산의 성지로 불리는 성산일출봉을 두 축으로 도전했지만 유네스코의 피드백은 냉정했습니다. 다른 나라에 없는, 지구상에서 제주도에만 있는 자연 유산이어야 한다는 답변이 돌아왔습니다.

그렇게 몇 년이 흐르고, 2005년에 기적 같은 일이 벌어집니다. 전신주 교체 작업을 하던 중 전봇대가 땅으로 꺼지는 일이 생겼습니다. 용암 동굴의 천장이 깨져서 그

안으로 전봇대가 빠져버린 겁니다. 연락을 받은 화산학자들이 밧줄을 타고 동굴로 내려가보니 믿기 힘든 풍경이 펼쳐졌습니다. 화산섬이라는 특성상 제주도는 용암 동굴만 존재하는데 천장에 종유석이 주렁주렁 매달려 있었습니다.

조사 결과 뜻밖의 사실이 밝혀졌습니다. 동굴에서 멀지 않은 월정리와 김녕리 해변에 쌓인 석회암 성분 모래가 바람에 날려 동굴 천장 위에 사구를 만들었고 사구 위에서 자란 나무와 식물이 천장에 난 틈을 통해 동굴 안으로 뿌리를 뻗었습니다. 상황 자체는 이해되었지만 종유석의 재료가 되는 석회암은 어디서 왔을까요?

석회암은 빗물에 잘 녹는 성질을 가졌습니다. 비가 내리면서 빗물이 석회암 모래를 녹였고 녹은 탄산염이 나무를 타고 내려가 뿌리를 석회암으로 코팅해버린 겁니다. 용암 동굴이면서 석회암 동굴의 생성물이 발견된 최초의 동굴, 용천동굴이 이렇게 세상에 알려지게 되었습니다. 용천동굴의 발견으로 제주도는 2007년 유네스코 세계자연유산에 등재되었습니다. 등재문을 보면 "용천동굴은 대단한 시각적 충격을 주는 세계에서 가장 아름다운 동굴이다"라고 극찬이 담겨 있습니다.

이번 장에서는 지구와 화성을 오가며 화산과 용암

동굴을 탐험했으니 태연이 부른 〈불티〉를 함께 듣고 싶습니다. 노래를 듣다 보니 잠든 휴화산이 다시 살아나는 장면이 떠오릅니다.

2부.

달을 향한 위대한 한 걸음.

50여 년 전,
우주선의 위치를 쫓던
우주위치추적소의 콘솔.

인류,
지구를 벗어나다

"한 인간에게는 작은 한 걸음이지만,

　인류에게는 위대한 도약이다."

50여 년 전 달에 첫발을 내디딘 후 우주 비행사 닐 암스트롱Neil Alden Armstrong이 한 말입니다. 인류의 첫 달 탐사가 성공하자 전 세계 언론은 일제히 1면 기사로 달 착륙 소식을 전했습니다. 이 첫걸음을 시작으로 인류는 이제 달을 넘어 태양계 밖을 탐사하는 새로운 우주 시대를 열었습니다.

1969년 7월 20일에 일어난 역사적인 사건이지만 지금까지도 인류가 진짜 달에 갔는지 의구심을 드러내는 음모론이 존재합니다. 달 착륙 음모론은 미국의 작가 빌 케이싱Bill Kaysing이 1976년 《우리는 결코 달에 가지 않았다We Never Went to the Moon》라는 책을 내면서 시작되었습니다. 대표적인 것은 진공상태에서 펄럭이는 성조기였습니다. NASA는 성조기를 정확하게 촬영하기 위해 깃발의 가로 부분에 막대를 넣어두었다고 발표했습니다. 한때는 달 표면에 찍힌 우주인의 발자국도 논란이 되었습니다. 달의 중력은 지구의 6분의 1밖에 되지 않는데 너무 뚜렷하게 발자국이 남았다는 겁니다.

달 착륙 50주년이 되었고 NASA에서 음모론에 반박하는 과학적 증거를 꾸준히 내놓고 있지만 여전히 많은 사람들은 달 착륙이 거짓이라고 믿고 있습니다. 당시 미국의 기술 수준은 우주 공간에서 고작 몇 분간 머무는 정도였습니다. 이런 기술로는 지구에서 약 38만 킬로미터 떨어진 달에 가는 일이 불가능하다는 것입니다. 냉전이라는 시대 상황을 고려해도 소련이 미국보다 우주개발 분야에서 훨씬 앞섰던 때이니 충분히 그렇게 생각할 수 있겠습니다. 하지만 인류의 역사가 늘 그러했듯이 한 단계 발전하기 위해 인간은 한계를 초월하는 집념과 노력을 쏟아

창문을 열면, 우주

냈습니다.

흔히 아폴로계획Project Apollo이 미국 우주탐사의 첫 시도라고 생각하시는 분이 많은데요, 사실 모든 일이 그렇겠지만 장고의 시간이 밑바탕이 되었습니다. 아폴로계획의 기원을 따라가면 미국 우주개발의 시초인 머큐리계획Project Mercury을 만나게 됩니다. 소련이 1957년 첫 인공위성인 스푸트니크Sputnik 1호를 성공적으로 발사한 데 대응하기 위해 미국은 1958년 미 항공우주국NASA을 설립하고 머큐리계획을 시작했습니다. 머큐리계획에서 1인승 유인우주선의 우주 비행에 성공하고 곧바로 2인승 유인우주선 프로젝트인 제미니계획Project Gemini을 가동합니다. 이를 통해 자신감을 얻은 미국은 1961년 본격적으로 아폴로계획을 실행합니다.

먼저 머큐리계획부터 살펴보겠습니다. NASA가 시작한 최초의 프로젝트입니다. 머큐리계획의 목표는 1959년에서 1963년까지 여섯 명의 우주 비행사가 지구궤도 비행을 하는 것이었습니다. 초기에는 우주 공간에서 인간이 처음으로 궤도 비행에 도전한다는 특수성을 감안해 무인 로켓 발사, 동물 실험 등을 진행했습니다. 어느 정도 안정성을 확인한 뒤 본격적으로 동물의 우주 비행이 시작되었습니다. 1959년 12월 4일, 원숭이 샘이 머큐리 우주선에 탑승했고, 11분 6초 동안의 탄도비행을 마치고 지구 귀환에 성공했습니다. 당시 뉴욕의 한 신문사는 원숭이 샘에게 체험기를 듣는 우주 비행사의 모습을 위트 있게 만화 만평으로 게재했습니다.

미국은 이렇게 축적된 경험을 바탕으로 첫 유인 비행에 도전합니다. 1961년 5월 5일, 우주 비행사 앨런 셰퍼드Alan Bartlett Shepard, Jr.가 머큐리 레드스톤Mercury-Redstone 로켓에 실린 프리덤Freedom 7호를 타고 우주 공간에 도달하는 탄도비행에 성공합니다. 비록 유인 궤도 비행은 소련에 뒤처졌지만 NASA는 엄청난 자신감을 얻습니다. 앨런 셰퍼드의 비행이 성공하고 20일 뒤 존 F. 케네디 대통령은 '인간을 달로 보낸다'는 역사적인 연설을 합니다. 그는 1970년대가 끝나기 전에 이 계획을 실현하겠다고 선언했습니다. 머큐리계획의 총 비행 시간은 비록 2일 6시간 정도이지만 우주선을 안전하게 설계하고 무중력상태에 인간이 적응하는 법을 터득하는 데 큰 기여를 했습니다.

당시 머큐리계획에 참여한 우주 비행사에 대한 미국 사회의 반응이 정말 대단했습니다. 이때 선발된 이들은 스콧 카펜터Malcolm Scott Carpenter, 버질 그리섬Virgil Ivan "Gus" Grissom, 앨런 셰퍼드, 도널드 슬레이튼Donald Slayton, 고든 쿠퍼Gordon Cooper, 존 글렌John Herschel Glenn, Jr., 월터 시라

Walter M. Schirra까지 총 일곱 명입니다. 애초 모험심이 강한 사람이라면 누구나 우주 비행사에 지원할 수 있다고 했지만 실전 비행을 해야 하기 때문에 최종적으로는 모두 군인 출신이 뽑혔습니다. 국민적 관심을 받는 만큼 선발 조건도 까다로웠습니다. 우주선 크기를 고려해서 체중 82킬로그램 이하, 신장 178센티미터 이하, 나이는 40세 이하로 지원 자격을 제한했습니다. 그 밖에 30여 가지 검사를 거쳤습니다.

선발된 우주 비행사들이 받은 훈련의 강도는 상상을 초월했습니다. 가혹한 우주 환경에서 발생할 갖가지 상황을 고려했기 때문입니다. 예를 들면 이산화탄소를 과잉 흡입하고 고온·고압실에서 견디는 등의 훈련입니다. 그중에서도 우주 비행사들이 혀를 내둘렀던 것은 로켓 발사 시 발생하는 중력가속도를 이겨내기 위한 원심력 적응입니다. 체중 80킬로그램의 사람이 자신의 체중을 1.5톤으로 느끼는, 16G의 힘이 생기는 속도로 회전하는 곤돌라에 한 명씩 탑승합니다. 특히 점점 빨라지다가 갑자기 가속도의 방향을 바꾸는 상황이 주어지면 기절하는 일도 많았습니다.

당시 언론의 반응을 살펴보면 일곱 명 전원이 엄청난 경쟁심과 공명심으로 가득 찼다고 평가했습니다. 최초로 우주에 간다는 시대적 열망이 보이지 않는 경쟁을 만들었습니다. 그들의 인기를 가늠하듯 소설가 톰 울프Tom Wolfe는 우주 비행사들의 이야기를 바탕으로 《필사의 도전The Right Stuff》이라는 소설을 출간했고 영화로도 제작되었습니다.

이러한 머큐리계획의 성공은 제미니계획으로 이어졌습니다. 제미니계획은 달 착륙을 고려한 만큼 우주선의 궤도 비행, 우주 공간에서 두 우주선을 결합하는 랑데부와 도킹, 회수, 생명 유지 기술 실용화를 목표로 시작되었습니다. 2년에 걸쳐 12대의 우주선을 발사했고 달 탐사에 필요한 8일간의 무중력 비행을 성공적으로 마치며 1967년 아폴로계획으로 바통을 넘깁니다. 제미니계획은 달에 가기 위한 최종 실험 단계였기 때문에 우주에서 장기간 생존 가능한지, 선외활동과 랑데부가 가능한지 등의 실질적인 검증과 확신이 필요했습니다.

우선 우주선 디자인에 큰 변화가 생겼습니다. 제미니 우주선은 원형인 머큐리 캡슐에 비해 50퍼센트나 넓어졌습니다. 머큐리 캡슐은 하루라도 빨리 인간을 우주에 보내기 위해 만들다 보니 대부분의 시스템이 복잡한 전선과 파이프로 얽혀 있습니다. 만약 하나의 시스템에 문제가 생기면 정상적인 것까지 점검을 해야 했습니다.

창문을 열면, 우주

이와 대조적으로 제미니 우주선은 시스템이 모듈형으로 구성해 문제가 생기면 고장 난 모듈을 통째로 교체하는 구조로 만들었습니다. 제미니계획에는 훗날 아폴로 11호 승무원이 된 세 우주 비행사도 모두 참여했습니다. 특히 달 착륙선 이글호 조종사인 버즈 올드린Buzz Aldrin은 마지막 제미니 12호에서 두 시간 동안 선외활동과 우주 유영을 성공적으로 수행했습니다. 다른 우주인들에 비해 선외활동 후 피로도가 적게 측정되어 아폴로계획에 대한 기대감을 높였습니다.

당시 비행 감독관들이 이런 말을 했습니다.

"이 일을 배우는 학교는 없다.
 일을 하는 동안 내 교과서를 내가 다 썼다."

자문을 구할 사람도 여유도 없는 상황에서 무에서 유를 만들어내야 하는 과학자들의 심경을 표현하는 듯합니다. 우주탐사에서 주연이 우주 비행사라면 조연은 바로 비행 감독관입니다. 생사를 걸고 달로 향하는 우주 비행사들에게 문제가 생기지 않도록 실시간으로 정보를 제공하는 역할을 담당할 사람과 조직이 필요했습니다.

NASA는 머큐리계획 시절 우주 비행 관제센터를 설

립하고 운영했습니다. 일명 미션 컨트롤Mission Control이라고 불리는 조직입니다. 최초의 비행 감독관을 지낸 크리스토퍼 크라프트Christopher C. Kraft, Jr.가 없었다면 달 착륙은 불가능했을지도 모릅니다. 그는 머큐리계획부터 제미니, 아폴로계획까지 미션 컨트롤의 수장으로서 우주 비행 관제의 책임 비행 감독관을 맡았습니다. 동료들은 그를 '크리스토퍼 콜럼버스 크라프트 주니어'라고 불렀고, 대항해 시대를 이끌었던 콜럼버스에 견주면서 존경을 아끼지 않았습니다.

그는 책임 비행 감독관으로서 관제센터는 물론 세계 각지에 만든 추적 스테이션, 중계 위성, 구조 비행기, 회수함의 조직을 움직였습니다. 또한 발사나 중지 시기를 결정하고, 비행을 모든 측면에서 감시했으며 실패에 대한 모든 책임을 졌습니다. 막중한 책임과 업무는 크라프트를 움직이는 원동력이었습니다. 발사 직전이 되면 그의 맥박은 우주 비행사들보다 더 빨리 뛰었는데, 제미니 4호의 발사 순간에는 맥박 수가 평상시 두 배에 달하는 135회까지 올라갔습니다. 비행 감독관 모두는 우주 비행사가 지구로 돌아와 항공모함에 오를 때까지 조금도 긴장의 끈을 놓지 못했습니다.

당시 제미니계획에 참여했던 약 600명의 사람들에

게는 헌신이 요구되었습니다. 직원들에게 가정에 충실한 삶을 포기하라고 공공연하게 언급했지만 한 명도 이의를 제기하지 않았다고 합니다. 누구도 해본 적 없는 프로젝트에 참여했다는 사명감이 그들을 단단한 한 팀으로 만들었기 때문이겠지요. 크라프트는 실제 상황에 직면하면 극단적인 성격으로 변신했습니다. 우주 비행사를 포함해 모든 사람이 자신의 결정에 대해 의문을 품지 않도록 요구했습니다.

그는 사실상 독재자인 셈이었지요. 크라프트는 스스로를 교향악단의 지휘자라고 여겼습니다. 지휘자가 모든 악기를 구사할 순 없을 겁니다. 아니 한 가지 악기도 연주하지 못할 수 있습니다. 하지만 그는 바이올린이 어디서부터 들어가야 하는지 언제 트럼펫을 강하게 또는 조용히 불어야 하는지, 드럼 연주자가 언제 심벌을 울려야 하는지 알고 있었습니다. 이 모든 것들이 조화를 이뤄야 비로소 음악이 되는 것처럼 모두가 관제센터에서 합주를 하고 있다고 참여자들을 독려했습니다.

냉철한 천재였던 크리스토퍼 크라프트와 일했던 한 동료는 "실시간으로 사물을 보고 생각할 줄 아는 놀라운 재능의 소유자"라고 평가했습니다. 지금도 휴스턴에 위치한 NASA 우주센터에는 그의 이름을 딴 '크리스토퍼 크라프트 주니어 우주 비행 관제센터'가 남아 있습니다. 아쉽게도 크라프트는 아폴로 달 착륙 50주년 기념일 이틀 뒤에 별세했습니다.

어느 다큐멘터리에서 미션 컨트롤에 참여했던 비행감독관들이 그곳을 다시 방문해 감회에 젖은 눈빛으로 콘솔을 바라보던 모습이 떠오릅니다. 팔순이 넘은 그들은 아직도 그 시절의 기억이 생생하다고 했습니다. 자신이 한 일에 큰 자부심을 가지고 있었고 '멋진 프로젝트에 참여할 기회가 주어진 것은 행운이었다'라는 말을 남겼습니다.

저는 호주를 탐험하며 카나본 우주위치추적소를 방문했습니다. 제미니계획 때 건설된 우주기지로, 우주선의 위치를 추적하던 곳입니다. 먼지 쌓인 콘솔을 마주했을 때 묘한 기분이 들었습니다. 손 안에 있는 스마트폰 계산 능력의 1퍼센트에도 못 미치는 컴퓨터를 가지고, 50년 전 사람을 달에 보낼 생각을 했던 모든 이의 간절함과 노력이 기적에 가까운 결과를 만들지 않았을까요?

그들의 열정을 기리며 캐나다 록밴드 심플플랜Simple Plan이 부른 〈애스트로넛Astronaut〉을 함께 들으면 좋겠습니다. 가사에 '제 말을 듣고 있는 사람 있나요? 아니면 나는 혼잣말을 하는 건가요?'라는 대목이 나옵니다. 비행 감독

창문을 열면, 우주

관과 우주 비행사의 절박한 교신 내용을 듣는 듯해 이 노래를 선곡해보았습니다.

달에서 본
떠오르는 지구.

정말 달에
갈 수 있을까?

제미니계획을 통해 미국은 우주 경쟁에서 소련에 근소하게 앞서가기 시작했습니다. 머큐리계획부터 쌓아온 경험을 발판으로 존 F. 케네디 대통령은 1970년대가 지나기 전에 달에 갈 것이라는 원대한 발표를 합니다. 이 발언으로 미국과 소련의 우주 경쟁은 새로운 국면을 맞습니다. 우주 공간에 누가 먼저 가느냐가 아니라, 달에 사람을 보내는 것이 목표가 됩니다. 지구에서 38만 킬로미터 떨어진 달에 사람을 보내려면 더 큰 로켓, 더 안전한 우주선이 필요했습니다.

제미니계획으로 지구궤도 비행에 성공한 NASA는 곧바로 아폴로계획에 착수합니다. 너무 빨리 전환한 것이 아니냐는 사회적 비판도 있었지만 1970년대 안에 달에 가려면 4년밖에 남지 않은 상황이라 미국으로서는 물러설 곳이 없었습니다. NASA는 서둘러 첫 번째 아폴로 유인 비행을 1967년 2월에 한다고 발표합니다. 제미니계획이 종료된 지 3개월밖에 지나지 않은 시점이었습니다.

아폴로계획이 출발하면서 본격적인 달 착륙 준비가 시작됩니다. 아폴로 1호에 탑승할 우주 비행사로 베테랑 버질 그리섬과 에드 화이트Edward Higgins White II, 최연소 우주 비행사였던 로저 채피Roger Chaffee를 선발했습니다. 하지만 의욕만큼 운이 따라주지 않았습니다. 1967년 1월 27일, 아폴로 1호 발사 한 달 전 우주선의 성능 실험을 위해 우주 비행사들이 밀폐된 조종실에 탑승했는데 화재가 발생했습니다. 모의실험이 한창이던 오후 6시 30분경 우주선으로부터 다급한 목소리가 통화 장치를 통해 들렸습니다.

첫 고함이 나고 14초 후 엔지니어들이 달려가 해치를 열려고 했지만 손쓸 겨를도 없이 심각한 상황이 발생했습니다. 조종실의 해치를 여는 데 6분이 걸렸고 세 명의 유능한 우주 비행사는 일산화탄소중독으로 생을 마감하고 말았습니다. 모의실험 중에 발생한 최악의 사고는 미국 사회를 놀라게 했습니다. 머큐리계획부터 시나브로 성공의 경험을 쌓았던 일이 모두 수포로 돌아갈 위기에 처한 겁니다.

미국 정부는 즉시 특별조사위원회를 조직해서 원인 규명에 나섰습니다. 최종 발화 원인은 고압 산소로 가득한 우주선에 전력을 공급할 때 스파크가 발생해 전선에 불이 붙은 겁니다. 그렇게 산소가 들어찬 조종실 선내에 순식간에 불이 번지고 말았습니다. 끔찍한 사고가 난 뒤 특별조사위원회는 안전 대책 미비, 우주선 설계 및 관리에 대한 결함 등을 지적했습니다.

NASA는 보고서의 지적에 따라 우주선의 대대적인 재설계에 들어갑니다. 사고의 원인으로 추정된 전선은 배선 방식을 바꿨고 양질의 절연재를 적용했습니다. 비행사가 입을 우주복도 나일론 피복을 비롯한 가연성 물질을 불에 타지 않는 유리섬유로 교체했습니다. 그리고 사고가 발생할 경우를 대비해 우주 비행사가 쉽게 탈출하도록 해치를 안에서 밖으로 열 수 있게 고쳤고 3초 안에 고리를 빼도록 다시 설계했습니다.

단시간에 우주선을 개선했지만 우주 비행사를 잃은 슬픔과 자책은 생각보다 깊었습니다. 큰 충격을 받은 미국 사회는 우주 비행사들의 죽음을 애도했고 이 비극은 아폴로계획을 1년 반 이상 꼼짝 못하게 했습니다. NASA 는 원점에서 다시 고민했습니다. 수개월에 걸쳐 아폴로계획의 모든 요소에 대한 실험을 반복했습니다.

본격적인 유인 비행 미션은 21개월 뒤인 아폴로 7호부터 재기됩니다. 사고 뒤 첫 도전이라 우려가 많았지만 유인 우주 비행의 신호탄이 되었습니다. NASA는 아폴로 1호 사고의 여론을 인식해 아폴로 2, 3호는 진행하지 않고 4, 5, 6호는 무인 비행으로 대체했습니다.

아폴로 6호까지 무인 비행이 이루어졌지만 우주 비행사 선발은 늘었습니다. 달의 암석을 수집해서 지구로 귀환하는 목적에 적합한 과학자 여섯 명을 우주 비행사로 처음 선발했고, 백업 임무를 고려해 우주 비행사도 추가로 뽑았습니다. 애초 머큐리계획에서 선발된 일곱 명의 우주 비행사들의 행보도 변화가 있었습니다. 존 글렌과 스콧 카펜터는 아폴로계획 시작 단계에서 은퇴했고 아폴로 1호의 희생자 세 명을 제외하고도 다섯 명이 우주 비행과 무관한 사고로 사망했습니다. 새로 선발된 인력들은 각 미션에 맞게 사령선과 달 착륙선 모듈에서 성실히 훈련을 받았습니다.

드디어 1968년 10월 11일, 아폴로 7호가 발사에 성

창문을 열면, 우주

공합니다. 아폴로 7호에는 사령관인 월터 시라와 돈 아이즐리Don Isley, 월터 커닝햄Ronnie Walter Cunningham이 탑승했습니다. 사령관인 월터 시라는 머큐리, 제미니, 아폴로의 모든 우주선을 조종한 최초의 우주 비행사였습니다. 발사 당시 동료들의 맥박 수는 100회를 넘었지만 월터 시라는 87회로, 베테랑의 관록을 보였습니다.

먼저 아폴로 우주선의 구조를 살펴보면 상단부터 사령선, 기계선, 달 착륙선으로 구성되어 있습니다. 새턴V 로켓에 실어 발사하는 이 우주선은 1, 2단 로켓이 차례대로 분리되고, 마지막 3단 로켓이 점화되며 지구궤도에 오르게 됩니다. 3단 로켓이 점화되면 본격적으로 달에 가기 위해 도킹을 시작합니다. 우선 3단 로켓에서 사령선과 기계선이 분리됩니다. 분리된 사령선과 기계선은 3단 로켓에 달려 있는 착륙선과 도킹하기 위해 방향 전환 로켓을 이용해 동체를 180도 회전합니다. 동체 회전을 마치면 그 상태에서 착륙선과 도킹을 시도합니다. 도킹을 완료하면 3단 로켓까지 떼어버린 사령선은 앞에 착륙선을 붙인 상태로 달까지 비행하게 됩니다.

아폴로 7호의 임무는 지구궤도에서 사령선과 기계선의 테스트만 진행하는 것이기 때문에 비교적 작은 2단 로켓인 새턴 IB형 로켓에 실어 발사했습니다. 아폴로 7호의 또 다른 목적은 레이더 도움 없이 2단 로켓과 랑데부하는 것이었습니다. 달 궤도에서 사령선과 착륙선의 도킹 기술을 체득하기 위한 테스트였습니다. 멕시코만 상공에서 실시된 랑데부 테스트에서 꽃잎처럼 벌어진 2단 로켓의 결합부를 향해 우주선을 조종하던 돈 아이즐리는 "우주선 랑데부는 브레이크가 고장 나고 가속도가 붙지 않는 자동차로 다른 차를 따라가는 것 같다"고 말했습니다.

아폴로 7호에 대한 큰 기대와 우려가 있었지만, 세 명의 우주 비행사는 사령선에 탑승해 무중력상태에서 11일간 머물고 무사히 지구로 돌아왔습니다. 11일의 우주 비행으로 장기간 우주 생활에 필요한 노하우를 얻었습니다. 예를 들면 우주의 낮은 기온 때문에 세 명 모두 감기에 걸렸습니다. 이를 계기로 아폴로 8호부터는 우주 비행사를 포함해 연구원 모두 백신을 맞고 발사 2주 전부터는 우주 비행사와 가족의 면회도 금지했습니다. (가장 큰 애로 사항은 화장실 문제였다고 합니다. 사령선에 화장실이 없어서 각자 배변을 봉투에 넣어서 보관했습니다.)

두 달 간격으로 이어진 아폴로 8호에서는 달 착륙을 위한 첫걸음을 뗍니다. 우주 비행사 프랭크 보먼Frank Frederick Borman II은 원래 아폴로 9호를 타고 지구궤도를 돌 예정이었습니다. 하지만 달 착륙선 개발이 지연되자 로켓

개발 책임자인 베르너 폰 브라운Wernher Magnus Maximilian Freiherr von Braun 박사가 아폴로 8호를 타고 달 궤도 비행을 준비하라고 명령을 내립니다. 폰 브라운 박사는 우주선이 로켓에 실려 지구궤도를 탈출하고 달까지 갔다 올 수 있는지에 대한 확신이 필요했습니다.

프랭크 보먼, 제임스 러벌, 윌리엄 앤더스 이 세 명의 우주 비행사들은 심적 압박이 심했습니다. 준비하던 모든 계획을 취소하고 당장 16주 뒤에 달 궤도로 가라는 갑작스러운 임무를 받은 겁니다. 전문가들이 터무니없는 계획이라고 비난했지만 기적적으로 달 궤도를 열 바퀴 돌고 지구로 돌아와 그들은 영웅이 되었습니다.

완벽한 성공 이면에는 거대한 새턴V로켓의 추진력이 있었습니다. 사령선, 기계선, 착륙선까지 실어서 달에 보내려면 기존 것과는 비교도 안 될 정도로 힘이 센 로켓이 필요해서 아폴로계획 초기부터 거대한 로켓 개발을 염두에 두었습니다. 역사상 가장 큰 규모인 새턴V로켓은 제작에만 5년이 걸렸고 1만 2,000개의 공장에서 일하는 32만 5,000명의 노하우와 열정이 집약되었습니다. 높이가 36층 빌딩에 필적하는 이 로켓은 11개의 엔진을 탑재했습니다. 그중 5개는 1단 추진 로켓에만 동력을 공급했습니다. 엔진 1개의 크기는 2.5톤 트럭 규모이며 1초 동안 3톤의 추진제를 소비합니다.

이렇게 1968년 12월 21일, 아폴로 8호를 대기권 밖으로 힘차게 쏘아 올렸습니다. 아폴로 8호는 여러 면에서 최초의 기록을 남겼습니다. 첫째는 처음으로 다른 천체를 탐사한 유인우주선입니다. 누가 달에 갔다 올 거라고 상상이나 했을까요. 아폴로 8호에 탑승한 우주 비행사들도 지구에서 가장 먼 거리를 비행한 사람들로 기억됩니다.

그리고 우리가 살고 있는 행성 지구를 한눈에 담았습니다. 우주 비행사들은 아폴로 8호가 달을 네 바퀴째 돌 때 달 지평선 위로 푸른빛의 지구가 떠오르는 모습을 촬영했습니다. 마침 그날은 크리스마스이브였고 사진을 지구로 전송했습니다. 우주인이 지구인에게 보내는 크리스마스 선물이라는 교신과 함께 TV 화면을 통해 전 인류가 이 사진을 보았습니다.

한 장의 사진은 엄청난 파장을 일으켰습니다. 칠흑같은 어둠 속에서 푸른빛을 띤 지구는 아름다움의 결정체였습니다. 우리가 정말 우주에 살고 있다는 깊은 감동을 주었습니다. 무엇보다 산업화로 환경 파괴와 자원 소비가 심각한 시점에, 지구는 인류가 거주 가능한 유일한 행성이라는 무언의 메시지를 전했습니다. 이를 계기로 전 세계적인 환경 운동이 촉발됩니다. 〈라이프〉는 '세상을 바

창문을 열면, 우주

꾼 100대 사진'에 이 사진을 맨 먼저 실었습니다. 그해, 베트남전쟁과 내부 분열로 힘든 시기를 보내던 미국 사회는 이 사진이 1968년을 구했다고 표현했습니다.

아폴로계획 최고의 드라마로 평가받는 아폴로 8호의 성공이 있었지만 여전히 큰 숙제가 남았습니다. 가장 중요한 달 착륙선 비행 실험이 마무리되지 않았습니다. 이제 이 임무는 아폴로 9호에 달렸습니다. 무사히 지구궤도에 오른 아폴로 9호는 사령선과 실험용으로 제작된 달 착륙선 스파이더호를 분리했고 스파이더호는 자체 엔진으로 여덟 시간 동안 우주 공간에서 궤도 변경을 시도하고, 모선과 랑데부 및 도킹에 성공했습니다. 이제 달 착륙을 위한 기능 테스트는 모두 통과한 셈이 되었습니다. 이로써 아폴로계획이 우주 비행을 감당할 수 있다는 확신을 주었습니다.

이제 마지막 순간을 남겨놓았습니다. 글을 쓰는 이 순간 제가 다 긴장이 됩니다. 1969년 5월 18일 아폴로 10호가 최종 리허설을 위해 발사됩니다. 아폴로 11호와 똑같은 방식으로 발사해서 달 궤도에 도착하면 착륙선 스누피호가 고도 15.6킬로미터까지 내려갔다가 사령선인 찰리 브라운호와 도킹하는 순서입니다. 당시에는 NASA의 관례에 따라 우주 비행사들이 사령선과 착륙선의 이름을 정할 수 있었습니다.

　사령관인 토머스 스태퍼드Thomas Patten Stafford는 달 구석구석을 탐사하고 연구하라는 의미로 달 착륙선 이름을 스누피로 붙였습니다. 사령선의 이름은 유진 서넌Eugene Andrew "Gene" Cernan이 존 영John Watts Young에게 붙인 별명인 찰리 브라운으로 정했습니다. 만화 속에서도 환상적인 호흡을 보인 두 캐릭터가 달 착륙 최종 리허설의 우주선 이름으로 붙여졌다니 정말 유쾌합니다. 우주탐사에 대한 친근감을 만들기 위한 좋은 방법이라는 생각이 듭니다.

　최종 리허설은 계획대로 순조롭게 진행되었습니다. 토머스 스태퍼드와 유진 서넌이 탄 스누피호는 존 영이 달 궤도를 돌 사령선과 분리되어 달 상공에서 무사히 월면을 감지하고 고도와 하강 속도 데이터를 수집했습니다. 그런데 착륙과 관련된 웃지 못할 사연이 있습니다. NASA는 달 착륙선에 탑승한 우주 비행사들이 최초의 달 착륙 기록을 차지하기 위해 착륙선을 월면에 내릴지도 모른다는 경우의 수를 생각했습니다. 원래 계획에도 착륙은 없었습니다. 하지만 이를 미연에 방지하기 위해 우주 비행사들에게는 비밀로 한 채 착륙선의 연료를 적게 주입했습니다.

　우주 비행사들의 안전과도 직결되는 문제지만, 충분

히 그럴 수 있었겠다는 생각도 듭니다. 제가 우주 비행사였어도 인류 최초로 월면에 발자국을 남기고 싶었을 겁니다. 왜냐고요? 인간이니까요. 아무튼 별 문제 없이 달에 가는 리허설이 끝났습니다. 이제 1970년까지 6개월 남았습니다. 위대한 도전은 현실이 될 수 있을까요?

우여곡절 많았던 아폴로계획을 떠올리며 김현철이 부른 〈달의 몰락〉을 선곡했습니다. 우주 비행사들에게는 달이 꼭 예뻐 보이지만은 않았을 겁니다. 그럼에도 달에 가려는 이유는 지구는 인류의 요람이지만 인류가 언제까지나 요람에만 머물 수는 없기 때문이 아닐까요?

프리덤 7호의 발사.

지구에서 달까지 가장 정확한 궤도 방정식

사막에서 길을 잃은 적이 있습니다. 연료가 부족해 지름 길로 들어선 게 화근이었습니다. 지도가 있었지만 자연의 변화무쌍함 앞에서는 무용지물이었습니다. 방향을 잃고 며칠을 헤맨 끝에 겨우 살아 돌아왔습니다. 사막에서 지도만 믿고 길을 나서면 조난당하기 쉽습니다. 물론 GPS 장비가 있다면 이야기는 달라집니다. 내가 있는 곳의 좌표와 목적지 좌표를 안다면 무사히 돌아올 수 있습니다. 어디까지나 지구니까 가능한 이야기겠지요. 만약에 길을 잃은 곳이 우주였다면 절망적인 상황에 부딪힐 겁니다.

머큐리계획의 목표도 인간을 태운 우주선이 정확한 착륙 지점으로 귀환하는 데 초점을 맞추었습니다. 미국 최초의 유인 궤도 비행에 성공한 프리덤 7호는 탄도비행으로 우주에 갔다 왔습니다. 탄도비행은 대포에서 발사된 포탄이 포물선을 그리며 떨어지듯이 우주에 다녀오는 방식입니다. 물론 우주에 오래 머물지 못합니다. 포탄은 언젠가 중력에 이끌려 지구로 떨어지고 말 겁니다. 즉, 달까지 가려면 지구궤도에 오래 머물 수 있는 지구 주회 궤도 비행이 필요합니다.

지구 주회 궤도는 지구 주위를 도는 원형 코스입니다. 이때 지구가 우주선을 잡아당기는 중력과 우주선이 밖으로 나가려는 원심력이 서로 평형을 이루면서 지구로 떨어지지 않고 일정한 궤도를 그리며 비행할 수 있습니다. 우주선이 안정적으로 주회 궤도에 오르면 로켓엔진으로 가속해 달로 가는 타원형 궤도에 올라타야 합니다. 결국 달 착륙의 성패는 한 치의 오차도 없이 완벽한 궤도운동을 계산 가능한가에 달렸습니다. 유인 우주 비행에서 소련에게 뒤져 있던 미국은 비행 궤도를 계산할 팀과 전문 인력이 필요했습니다. 훗날 한 사람의 등장이 아폴로계획의 성공과 우주왕복선 프로젝트의 시작에 결정적인 역할을 하게 될 거라고 누구도 예상하지 못했습니다.

1918년에 웨스트버지니아주 화이트 설퍼 스프링스에서 태어난 그녀는 남다른 호기심과 수학적 재능으로 여러 학년을 월반했습니다. 13세에 웨스트버지니아대학 캠퍼스에 있는 고등학교를 다녔고 18세에는 같은 대학에 입학해 수학 과정을 수월하게 이수했으며 졸업 후 버지니아주에서 흑인 공립학교 수학 교사로 일했습니다. 세 딸과 단란한 가정을 이루고 살던 그녀는 1952년 친척으로부터 미국국립항공자문위원회NACA의 랭글리연구소에서 흑인으로만 구성된 계산팀에 자리가 있다는 말을 듣습니다.

NASA의 전신인 NACA는 아프리카계 미국 여성으로 구성된 계산원을 모집했습니다. 이유는 값싼 임금 때문이었습니다. 백인 남성 수학자가 작업한 계산 결과를 검토할 인력이 필요했던 것입니다. 성능이 좋은 컴퓨터가 없던 시절이라 복잡한 궤도 계산을 '인간 컴퓨터'라고 불리는 아프리카계 미국 여성들에게 맡겼습니다. 처우는 안 좋고, 임금은 낮았지만 어린 시절부터 수학을 사랑했던 캐서린 존슨Katherine Coleman Goble Johnson은 NACA에 지원하기로 마음을 먹었습니다. 인종차별이 만연하던 시절이라 수학과 관련된 일을 찾기 어려웠던 것도 영향이 있었습니다.

지원 기회를 잡기 위해 캐서린과 그의 가족은 버지

니아주 뉴포트 뉴스로 이사했고 1953년 여름부터 랭글리 연구소에서 일을 시작했습니다. 분석기하학을 능숙히 다룬 덕분에 NACA에 합류한 지 2주 만에 비행 연구 부서로 배치되었습니다. 부서에서 유일한 흑인 직원이었던 그녀는 이후 4년 동안 비행 실험 과정에서 나오는 데이터를 분석했고 난기류로 인해 발생하는 비행기 추락 조사를 맡았습니다. 그녀는 능력을 인정받았고 본인에게도 귀중한 자산으로 남았습니다. 그런데 캐서린이 이 일을 마무리할 때쯤 남편이 암으로 사망했습니다.

1957년, 소련이 스푸트니크 위성을 발사하자 그녀의 삶에 큰 변화가 찾아옵니다. 소련의 위성 발사 성공은 NACA에 강한 압박을 주었습니다. NACA는 우주 비행 전담팀을 구성하고 첫 번째 유인 우주 비행을 준비했습니다. 랭글리에 온 뒤로 많은 팀원과 함께 일했던 캐서린은 1958년 후반에 NACA가 NASA로 승격하면서 자연스럽게 우주 비행 전담팀에 합류했습니다.

당시 최우선 과제는 '궤도'였습니다. 캐서린은 우주 비행사가 우주로 갈 때 발사 조건과 시간을 알아내고 착륙할 위치를 결정하는 임무를 수행했습니다. 그러면서 자신의 계산 업무로 뒷받침하는 항공 우주 기술에 대해 끊임없이 궁금해했습니다. 우주선의 제원에 따라 발사 조건과 착륙 지점이 달라지기 때문에 정확한 계산을 위해서는 꼭 알아야 하는 사항이었습니다. 하지만 핵심 내용을 논의하는 브리핑에 참석할 수 없었습니다. 당시 NASA는 과학 브리핑을 남성 직원들만 참석하는 비공개 업무로 진행했습니다. 캐서린은 동료들에게 남자만 들어가야 하는 법이 있는지 당당히 물었고 끝내 브리핑에 참여하게 됩니다.

우주 비행 전담팀에 온 그녀는 1961년 5월 앨런 셰퍼드가 탑승하는 미국 첫 번째 유인우주선인 머큐리계획의 '프리덤 7호' 미션에서 궤도 분석을 담당했습니다. 바로 전 해인 1960년 캐서린과 엔지니어 테드 스코핀스키 Ted Skopinski는 〈연료 완전 연소 시 선택된 지구상 위치에 위성을 배치하기 위한 방위각 결정Determination of Azimuth Angle at Burnout for Placing a Satellite Over a Selected Earth Position〉을 공동으로 저술했습니다. 이는 우주선의 착륙 위치가 지정되는 궤도 비행을 표시하는 방정식을 풀어낸 보고서였습니다. NASA 초기에 여성은 보고서에 이름을 올릴 수 없었는데, 이는 비행 연구 부서에서 여성이 보고서의 저자로 인정받은 최초의 사례였습니다. 캐서린 존슨은 실력으로 벽을 허문 것입니다.

1962년 NASA가 존 글렌의 프렌드십 7호 임무로 첫 지구궤도 비행을 준비할 때의 유명한 일화가 있습니다.

캐서린은 존 글렌으로부터 중요한 임무를 부탁받습니다. 당시 궤도 비행의 복잡성으로 인해 NASA는 IBM과 협력해 전 세계 통신 네트워크를 구축했습니다. IBM 컴퓨터에는 프렌드십 7호 미션의 발사부터 해상 착륙까지 비행 캡슐의 궤도를 제어하는 방정식이 프로그램되어 있었습니다. 하지만 존 글렌은 빈번하게 일어나는 오류는 물론, 정전되기 쉬운 환경에 있는 컴퓨터에 자신의 목숨이 달렸다는 것이 불안했습니다.

존 글렌은 그간의 궤도 분석 경험을 토대로 점검을 진행하는 가운데, 캐서린이 컴퓨터에 프로그램된 것과 동일한 숫자를 직접 계산해주기를 원했습니다. 그리고 다음과 같이 말했습니다.

"만약 그녀가 계산한 수치에 문제가 없으면
그때 난 떠날 준비가 된 거다."

결국 존 글렌의 비행은 성공했고, 우주 경쟁에서 전환점을 만들어냈습니다. 그녀는 우주탐사에서 가장 중요한 사항이 무엇이었는지 묻는 질문에 달 착륙선과 사령선을 동기화하는 데 도움을 준 계산이라고 답했습니다. 착륙선이 달에 내리고 다시 사령선과 도킹 후 지구로 오는 길을 계산한 겁니다. 그 뒤에도 그녀는 우주왕복선과 지구 관측위성 랜드샛 계획에 참여했고 26편의 연구 보고서를 저술했습니다.

캐서린 존슨은 랭글리연구소에서 33년을 보내고 1986년에 은퇴했습니다. NASA에서 보낸 시간에 대해 '매일 출근하는 것을 좋아했다'고 말했습니다. 2015년 오바마 미국 대통령은 미국 시민이 받을 수 있는 최고의 상인 대통령자유훈장을 그녀에게 수여했습니다. 캐서린은 NASA에서 은퇴한 후에도 수학 교육의 중요성을 알리기 위해 노력했습니다. NASA는 2017년 그녀의 이름을 따서 캐서린 존슨 데이터 검증 센터를 만들었고 그녀와의 인터뷰를 공개했습니다.

NASA　　NASA가 당신을 위해 약 3,500제곱미터 규모의 새로운 연구소를 만들었는데 어떤 생각이 드세요?

캐서린 존슨　　솔직한 대답을 원하시나요? NASA가 미쳤다고 생각했습니다(웃음). 소식을 듣고 정말 신났습니다. 무언가 새로운 것이었습니다. 저는 새로운 것을 좋아합니다. 우주개발에 함께 참여했던 모든 사람들에게 공을 돌리고 싶습니다. 저 혼자서는 아무것도 할 수 없었습니다.

NASA 이 연구소에서 일할 젊은 엔지니어들에게 조언하고 싶은 이야기가 있을까요?

캐서린 존슨 최선을 다하는 것도 중요하지만 일단 일을 좋아해야 합니다. 자신이 우주선에 타고 있다고 생각하면 당신은 최선을 다하게 될 겁니다. 여러분이 한 일이 마음에 들지 않으면 부끄러워해야 합니다.

NASA 당신의 삶에서 사람들이 얻었으면 하는 메시지는 무엇인가요?

캐서린 존슨 제 일이었지만, 정말 힘들었습니다. 그래도 하루도 빼놓지 않고 매일 계산을 했습니다. 아프다고 쉰 적도 없습니다. 저의 일은 질문에 답하는 것이고, 항상 최선을 다해 대답했습니다. 계산이 맞는지 틀렸는지 매일 답했습니다. 하지만 어디까지나 제 경험입니다. 언제나 최선을 다하시기를 바랍니다.

NASA 과학자들이 화성에 가기 위한 계산을 캐서린 존슨 데이터 검증 센터에서 하는 모습을 상상하면 기분이 어떠세요?

캐서린 존슨 대단히 영광스러울 겁니다. 하지만

아시다시피 수학 계산은 동일합니다. 작년에 그 답을 했다면 올해도 같은 답이 나올 겁니다. 저는 지금도 제 일을 사랑합니다. 그리고 동료들과 나눴던 별과 우주 이야기를 좋아합니다.

2020년 2월 4일, 101세의 나이로 캐서린 존슨은 별이 되었습니다. 그녀의 멋진 인생은 영화 〈히든 피겨스 Hidden Figures〉로 제작되어 많은 이에게 깊은 감동을 전했습니다. 온갖 차별을 극복하고 우주탐사에 중추적 역할로 성장하는 그녀의 모습은 현재를 살아가는 우리에게 등대 같은 의미로 다가옵니다. 자신이 하는 일을 사랑하는 것처럼 멋진 게 또 있을까요? 좌절의 순간에 '나는 진정으로 내 일을 사랑하는가'라는 물음만큼 선택에 힘을 실어주는 질문은 없을 겁니다. 이제는 우주의 별이 된 그녀에게 헌정하는 마음을 담아 비틀스의 〈헤이 주드Hey Jude〉를 선곡했습니다. 실의에 빠진 지구인들에게 캐서린 존슨이 보내주는 선물 같다는 생각이 들었습니다.

우주 비행사들의 귀환.

달 착륙의
순간

"5, 4, 3, 2, 1, 0… 모든 엔진 점화."

1969년 7월 16일 미 동부 시간 오전 9시 31분 51초, 2,700톤의 새턴V로켓이 굉음을 내며 발사대를 떠나 우주로 솟구치는 모습을 전 세계인이 함께 지켜보았습니다. 국내에서도 KBS가 미국의 중계 화면을 받아서 아폴로 11호 달 착륙 장면을 뉴스 특보 실황으로 내보냈고 수많은 시민들이 이 엄청난 장면을 보았습니다. 그리고 나흘 뒤인 1969년 7월 20일, 세계는 TV와 라디오 앞에 다시 모여 최초로 우주 비행사가 월면에 한쪽 발을 내딛는 역사적인 순간을 목격했습니다.

인류가 마침내 달에 내렸습니다. 제가 태어나기 전에 일어난 일이지만 비행 감독관의 카운트다운 음성은 언제 들어도 고요한 가슴을 요동치게 만듭니다. 중학생 때 할머니께 달에 가는 방송을 보셨냐고 물었습니다. 할머니는 또렷하게 기억하셨습니다. 동네 사람들은 너 나 할 것 없이 흑백텔레비전이 있는 집에 모였고 생전 처음 보는 집채만 한 로켓이 올라가는 걸 보았다고 하셨습니다. 달 토끼가 방아 찧는 곳이라는 달에 사람이 간다는 사실이 신기하셨을 겁니다.

한국도 발사 당일을 임시 공휴일로 지정했습니다. 발사와 달 착륙이 있던 날에는 서울역, 명동, 남대문 등 TV가 있는 공간에 수많은 인파가 몰렸습니다. 달 착륙과 전혀 무관한 한국의 풍경이 이 정도였다면 미국 현지 반응은 어떠했을지 상상이 갑니다.

케네디우주센터 근처에는 역사적인 장면을 직접 보기 위해 100만 명의 사람이 운집했습니다. 달에 가는 우주 비행사의 여정을 보기 위해 몇 달 전부터 텐트를 치고 기다리는 사람부터 수천 킬로미터를 운전해서 온 사람까지 다양한 이들로 가득했습니다. 언론 관계자만 약 2만

명이 모였고 상·하원의원 223명과 린든 존슨 대통령도 발사장을 찾았습니다. 불행히도 달에 사람을 보내겠다고 선포했던 존 F. 케네디 대통령은 암살을 당해 현장을 찾지 못했습니다. 달 착륙을 꿈꿨던 리더의 비전과 이를 현실로 만든 수십만 명의 관계자 그리고 지구인의 소망을 담아 마침내 아폴로 11호는 달을 향한 장대한 여정에 오르게 됩니다.

새턴V로켓의 엔진이 점화되고 아폴로 11호가 발사되던 순간, 세 명의 우주 비행사는 작은 우주선 내부에서 비장한 각오를 한 채 숨죽이며 계기판의 불빛을 응시했습니다. 사령관인 닐 암스트롱, 달 착륙선 조종사 버즈 올드린, 사령선 조종사 마이클 콜린스Michael Collins는 각각 제미니 8호, 12호, 10호 미션에 참여했고 최종적으로 아폴로 11호 우주 비행사로 선발되었습니다.

이들은 최악의 상황을 대비해 아내와 아이들에게 작별 편지를 써두었습니다. 물론 지구로 돌아오지 못했을 때 가족들에게 전달되도록 미리 준비한 것이지만 유언장을 쓰고 온 마음이 오죽했을까요. 정부에서도 미션이 실패했을 경우를 대비한 연설문을 사전에 작성해놓았습니다. 모두가 그만큼 간절했고 절박했습니다.

아폴로 11호의 임무는 단순합니다. 암석 수집, 지진

계 설치 같은 과학 임무가 있었지만 무엇보다도 '달 착륙' 자체가 가장 큰 일이었습니다. 달에 가는 여정은 오차가 허용되지 않습니다. 발사 후 몇십 초가 지나면 1, 2단 로켓이 분리되고 3단 로켓을 점화해 지구궤도에 도달합니다. 3단 로켓에서 분리된 사령선 컬럼비아Columbia호는 방향 전환을 한 다음 3단 로켓에 달린 달 착륙선 이글Eagle호와 랑데부를 합니다. 랑데부한 상태로 달까지 비행을 합니다. 달 궤도에 도착하면 암스트롱과 올드린을 태운 이글호는 컬럼비아호와 분리되어 표면에 착륙을 시도합니다. 두 사람이 표면에 머무는 동안 마이클 콜린스는 홀로 달 궤도를 돌며 이글호와 도킹을 준비합니다.

모든 일은 계획대로 진행되었습니다. 이글호가 달 표면에 도착하기 3분 전까지만 해도요. 착륙 3분을 남기고 이글호 내부 경고등이 깜박거렸습니다. 올드린은 컴퓨터를 조작해 오류 코드를 확인 후 휴스턴에 연락을 취했습니다.

"프로그램 경고 1201이 무엇인지
   알려주기 바란다."

올드린의 다급한 목소리를 들은 관제센터에도 긴장

창문을 열면, 우주

감이 돌았습니다. 오류를 해결하지 못하면 착륙하지 못하고 다시 상승 엔진에 점화해 탈출해야 하는 상황이었습니다. 그때 관제센터에서 예전에 본 적이 있는 오류 코드라는 걸 확인했고 이글호는 이를 무시하고 달에 착륙합니다. 1201 오류 코드는 우주선의 컴퓨터가 너무 많은 작업을 수행해서 과부하가 발생할 때 미리 대비하라는 신호였습니다. 신호가 뜨면 우선순위가 낮은 작업은 전부 정지하고 착륙과 생존에 필요한 계산만 수행합니다.

이 오류 회피 코드가 우주선 컴퓨터의 소프트웨어에 탑재되지 않았다면 아폴로 11호는 달에 착륙하지 못했을 겁니다. 소프트웨어라는 명확한 개념도 없던 시절, 아폴로 비행 소프트웨어 설계 책임을 맡은 컴퓨터공학자 마거릿 해밀턴Margaret Heafield Hamilton은 소프트웨어의 필요성에 대해 깊은 고민을 했습니다. 베테랑 우주 비행사일지라도 동일한 실수를 되풀이한다면 돌이킬 수 없는 상황에 처할지 모릅니다. 이때 컴퓨터가 인간의 반복되는 실수에 대한 경고 신호를 보낸다면 사고를 방지할 수 있다고 판단했습니다.

그의 노력으로 아폴로 11호는 힘든 고비를 넘기고 마침내 '고요의 바다'에 착륙합니다. 마거릿 해밀턴은 2016년 11월 아폴로계획을 위한 비행 소프트웨어 개발

공로를 인정받아 버락 오바마 대통령으로부터 미국 최고 권위의 시민상인 자유의 메달을 받았습니다. 훗날 세상은 그가 미국 컴퓨터공학의 토대를 만든 장본인이라고 말합니다.

이제 두 명은 지구에서 멀리 떨어진 땅 위에 서 있습니다. 나머지 한 명은 우주 공간에 떠 있습니다. 세 우주비행사는 어떤 마음이었을까요? 닐 암스트롱은 달 표면에 첫 발자국을 낸 주인공이 되었고 인류 역사상 가장 의미 있는 발언을 남깁니다. 그 사실 하나만으로 지구로 돌아온 뒤 세상과 사람들의 주목을 받습니다. 훗날 8년간 항공우주공학과 교수로 재직하며 인재 육성에 힘을 쏟았습니다.

그와 함께 월면에 내린 버즈 올드린도 달에 두 번째 발자국을 남기고 월면에서 점프하며 흥분을 감추지 못했습니다. 하지만 그는 내심 아쉬운 마음이 들었습니다. 원래 버즈 올드린이 달 표면에 먼저 내리기로 했습니다. 하지만 이글호가 안에서 문을 여는 방식이라 문이 조종석을 가로막아 최종적으로 닐 암스트롱이 먼저 밖으로 나갔습니다. 지구로 귀환한 올드린은 달에 첫걸음을 내딛지 못했다는 이유로 심한 우울증에 시달렸습니다. 하지만 결국 누구도 해본 적 없는 달 착륙 경험은 인생의 큰 자부심이

　　　　　　　　　창문을 열면, 우주

되었습니다.

사람들은 그의 경험을 듣길 원했고 그 역시 우주탐사의 꿈과 도전을 알리기 위해 지금도 노력하고 있습니다. 2012년 호주 카나본에 있는 우주위치추적소에 버즈 올드린이 방문했습니다. 아폴로 달 착륙 40주년을 기념해 자신이 조종한 우주선과 교신을 주고받았던 전파안테나를 만나러 말입니다. 생각만 해도 낭만적입니다. 자신과 교신했던 전파안테나가 보고 싶었다는 그를 보니 우울증은 확실히 없어진 것 같습니다.

마이클 콜린스는 아폴로 11호에서 유일하게 달 표면을 밟지 않은 우주 비행사였습니다. 임무에 따르면 이글호가 달에서 이륙하는 데 실패하면 혼자 컬럼비아호를 조종해 지구로 돌아와야 했다고 합니다. 저는 달 궤도까지 가서 땅에 내리지 못했다면 실망했을 것 같습니다. 그러나 마이클 콜린스는 달 뒤편을 비행하며 "나는 지금 혼자다. 정말로 혼자다. 나는 지구의 모든 생명체들로부터 완전히 멀어져 있다. 이곳에서 생명체는 나뿐이다"라고 하며 아쉬움을 달랬습니다. 지구로 돌아온 뒤에는 "우리가 지구에 산다는 것은 행운이다. 나는 그렇게 믿는다"라는 말을 남겼습니다. 지금도 미국인이 가장 좋아하는 우주 비행사 1위로 꼽히는 그는 2021년 4월, 별이 되어 우리

곁을 떠났습니다.

아폴로 11호의 성공으로 미국은 소련과의 우주 경쟁에서 승자가 되었습니다. 달 착륙이라는 유일한 목표를 달성하자 아폴로계획의 미션은 과학 탐사로 전환됩니다. 4개월 뒤 아폴로 12호가 달의 '폭풍의 바다'에 내렸고 소형 원자로로 작동하는 관측 장비를 설치했습니다. 이 기기는 달의 진동, 자기장, 전자의 활동을 측정합니다. 아폴로 11호 체류 시간의 세 배에 달하는 7시간 37분간 달에 머물며 암석 표본도 수집했습니다.

아폴로 12호 우주 비행사들이 달에서 수집한 암석은 아폴로 11호가 가져온 것과 마찬가지로 화산활동으로 인해 만들어진 화성암이라는 결론을 얻었습니다. 지구의 화성암과 매우 흡사한 형태를 보였고 이는 두 천체의 기원이 같다는 바를 암시합니다. 화성암의 발견으로 지질학 조사에 대한 기대가 커졌습니다.

아폴로 12호는 임무를 마치고 지구로 돌아오는 길에 태양이 지구에 가려지는 일식을 최초로 촬영했습니다. 이는 우주 공간에서만 볼 수 있는 현상입니다. 지구를 포함한 태양계 행성들이 태양을 중심으로 공전하고 있다는 사실을 눈으로 확인한 셈입니다.

최근 행성 탐사를 보면 바퀴가 달린 무인 탐사 로버

가 주를 이룹니다. 최초로 바퀴 있는 탐사 차량이 쓰인 것도 아폴로계획입니다. 아폴로 14호에서는 토양 표본을 수집하기 위해 월면 손수레를 개발해 사용했고, 아폴로 15호는 달의 고원지대인 하들리산 평원을 탐사하기 위해 월면차를 도입합니다. 바퀴가 4개 달린 월면차는 지구에 있는 소형 차량 크기만 해서 달까지 운반하는 방법도 문제였습니다. 결국 접이식 형태로 제작해 달 착륙선 측면에 부착해서 가져갔습니다.

월면차는 속도가 느렸지만 탑승자는 반드시 안전벨트를 착용했습니다. 달의 중력에서는 작은 충격에도 멀리 튕겨 나갈 수 있기 때문입니다. 월면차로 기동성을 확보하니 탐사에도 많은 성과가 따랐습니다. 용암 분출로 만들어진 협곡을 발견했고 무려 79.5킬로그램에 해당하는 암석 표본도 수집했습니다. 아폴로 15호 착륙선 조종사인 데이비드 스콧David Randolph Scott은 우주탐사 임무 중 사망한 미국과 소련 우주 비행사 14명의 이름이 담긴 조형물을 가져가 화제가 되기도 했습니다.

그 뒤로 두 번 더 아폴로계획이 진행되었고 1972년, 아폴로 17호를 마지막으로 달 착륙 계획에 마침표를 찍습니다. 아폴로계획은 우리에게 만질 수 없는 무언가를 선사했습니다. '창백한 푸른 점' 지구의 아름다움과 연약

함을 동시에 느끼게 해주었습니다. 또한 이를 통해 인류는 태양계라는 숲을 보는 기회를 얻었습니다. 지구에서 수억 종의 생명체가 균형을 이루며 살아가듯 우리의 터전 지구도 다른 천체들과 균형을 이룬 존재임을 알게 되었습니다.

오늘은 데이비드 보위David Bowie의 〈스페이스 오디티 Space Oddity〉를 들려드리고 싶습니다. 데이비드 보위가 인류의 첫 달 착륙을 앞둔 순간에서 영감을 얻어 만든 곡으로, 지금까지도 세계인의 사랑을 받고 있습니다. 달 뒷면을 혼자 비행하던 마이클 콜린스는 지구에서 보던 달과는 완전히 다르다는 말을 했습니다. 지금 여러분 눈에 보이는 달은 어떤 모습인가요?

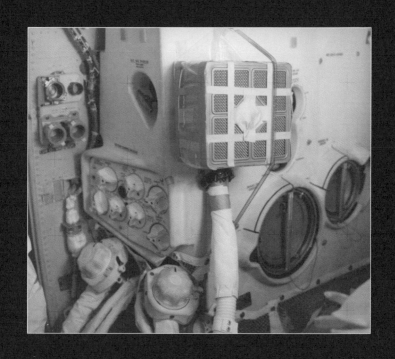

우주선 안의 재료를 이용해
제작한 새로운 필터.

달에 가지
못한 사람들

"휴스턴, 문제가 발생한 것 같다."

인류 역사상 가장 긴박한 순간을 알리는 교신입니다. 아폴로 13호 사령선 조종사 잭 스위거트John Leonard "Jack" Swigert, Jr.는 우주선 밖에서 난 커다란 폭발음을 듣고 휴스턴에 교신을 보냈습니다. 아폴로 11호의 달 착륙으로 우주 경쟁에서 승리한 미국 사회는 열광했고 아폴로 12호까지 국민의 관심이 이어졌습니다. 연이은 두 번의 성공이 훗날 돌이킬 수 없는 문제의 발단이 될 거라고 의심한 사람은 없었을 겁니다.

NASA는 안전 불감증에 걸렸고 대중은 더 이상 달 착륙에 환호하지 않았습니다. 심지어 발사 당일 방송 중계도 하지 않았습니다. 언론은 발사를 앞둔 우주 비행사들에게 13일의 금요일이 연상되는 미션 번호가 부담되지 않느냐고 묻기까지 했습니다.

사실 아폴로 13호는 진행이 순조롭지 않았습니다. 사령선 조종사로 훈련받던 켄 매팅리Ken Mattingly가 발사 이틀 전 혈액 검사에서 이상이 나타나 백업 비행사인 잭 스위거트와 교체됩니다. 안전을 위한 조치였지만 쉬운 결정은 아니었습니다. 잭 스위거트는 가상 도킹 훈련에 참여한 지 오래되었다고 사령관인 제임스 러벌James Arthur "Jim" Lovell, Jr이 마지막까지 반대했지만 발사를 미룰 명분이 되지는 못했습니다. 결국 착륙선 조종사인 프레드 헤이즈Fred Wallace Haise, Jr까지 세 명의 우주 비행사는 1970년 4월 11일 예정대로 발사대에 오릅니다. 켄 매팅리는 달에 가지 못한다는 허탈감에 발사장을 찾지도 않았습니다.

발사 초반에는 모든 것이 예정대로 흘러갔습니다. 그러나 달 궤도에 거의 도착할 무렵 우주선 밖에서 커다란 폭발음이 났습니다. 우주 비행사들은 원인은 몰랐지만 심각한 상황임을 인지했습니다. 우주선 내에 경보음이 울리

창문을 열면, 우주

기 시작했고 전압계의 전력 수치가 급격하게 내려갔습니다. 다. 훗날 착륙선 조종사 프레드 헤이즈는 한 언론 인터뷰에 당시 감정을 토로했습니다.

"전압계 수치가 떨어지는 순간, 달 착륙은 실패라고
 판단했습니다. 전력을 공급하는 연료전지가
 하나라도 고장 나면 착륙을 중단하는 것이
 원칙이었습니다."

달 착륙은 이미 물 건너간 상황이었고 더 큰 문제는 사령선의 물과 산소, 전력이 끊어진다는 것이었습니다. 휴스턴은 기계선에 있는 산소 탱크의 손상된 회로가 합선을 일으켜 폭발했다고 원인을 분석했습니다. 폭발로 인해 전지판이 날아가고 우주선의 안테나까지 부서졌습니다.

이제부터는 우주 비행사들을 지구로 귀환시키는 것이 관건이었습니다. 비행 감독관들은 전력을 절약하기 위해 사령선의 시스템을 끄고 물 섭취를 제한하도록 지시했습니다. 전력 시스템을 끄면 사령선 내부 온도가 영하로 내려가지만 대안이 없었습니다. 비행 감독관을 포함해 그 누구도 경험하지 못한 상황이었습니다. 휴스턴은 비상이 걸렸고 우주선을 만든 엔지니어를 포함해 아폴로 13호와 관련된 인원 전부를 관제센터로 호출했습니다.

모든 사안을 검토한 끝에 내린 결론은 사령선의 전체 전력을 차단하고 달 착륙선으로 이동하는 것이었습니다. 즉, 착륙선을 구명보트로 사용한다는 계획입니다. 지구로 귀환할 때, 재진입을 위해 사령선으로 옮겨 타기 전까지 착륙선에서 견디라는 이야기였습니다. 이 방법도 완벽한 대안은 아니었습니다. 달에 착륙할 만큼의 연료만 실은 착륙선을 모선으로 이용한다는 것은 공식적으로 달 착륙을 포기한다는 뜻입니다.

사령관 제임스 러벌은 순간적으로 고민을 합니다. 언제 다시 기회가 주어질지 모르는 달 착륙을 포기하는 일이 쉽지만은 않았겠지요. 세 명 모두 착륙선으로 이동했지만 또 다른 문제가 기다리고 있었습니다. 착륙선에는 두 명의 우주 비행사가 사용할 만큼의 산소만 있어서 세 사람이 호흡하면 이산화탄소 수치가 증가해 질식사 위험이 높았습니다. 착륙선에도 이산화탄소 여과기가 있었지만 두 명이 하루 반밖에 못 쓰는 상황이었습니다. 결국 사령선에 있는 이산화탄소 여과기와 착륙선의 여과기를 연결해야 했지만 필터의 모양이 달랐습니다. 사령선의 필터는 사각형이고, 착륙선은 원형이었습니다.

이제 방법은 사각형 필터를 원형 필터에 끼워 넣는

창문을 열면, 우주

것이 유일했습니다. 착륙선을 만든 엔지니어들이 소집되었고 우주선 안에 있는 재료만 이용해 새로운 필터를 제작할 방법을 찾기 시작했습니다. 불가능은 절박함을 이길 수 없었습니다. 우주선 매뉴얼에서 뜯어낸 판지, 수산화리튬 통, 비닐봉지, 밀봉 테이프, 우주복 연결 호스로 기적을 만들어냈습니다. 교신은 원활했고 우주 비행사는 멋지게 필터 연결에 성공했습니다.

잠시 후 착륙선의 이산화탄소 농도가 떨어지기 시작했습니다. 마음 같아서는 즉시 회항해 지구로 돌아가고 싶었지만 폭발 당시 기계선 엔진이 파손되었을지 몰라 섣불리 시도하지 못했습니다. 대신 달의 인력을 이용해 우주선이 달 궤도를 돌고 나온 후 착륙선 엔진을 작동시켜 귀환하는 '자유 귀환 궤도' 방식을 선택했습니다.

착륙선 엔진 점화로 무사히 달 궤도를 돈 아폴로 13호는 지구 대기권 진입 시 필요한 연료를 남겨두기 위해 전력을 최소화한 채 추위와 싸우며 지구로 향했습니다. 며칠 뒤 마지막 남은 연료로 대기권에 돌입하고 나서 우주 비행사들은 사령선으로 옮겨 탔습니다. 이 과정에서 구명보트로 사용한 착륙선은 분리시켰습니다. 숱한 우여곡절 끝에 1970년 4월 17일, 이들은 태평양에 무사히 내렸습니다.

아폴로 13호는 역사상 가장 성공적인 실패로 기억되는 미션입니다. 13일의 저주라고 불렸지만 아폴로계획 중 가장 많은 시청자가 그들의 역경 극복기를 브라운관으로 지켜보았습니다. 영화보다 더 영화 같은 이야기는 〈아폴로 13〉으로 제작되어 인기를 끌었습니다. 재난 극복 드라마보다 관심을 끄는 소재는 없을 겁니다. 예측할 수 없는 위험은 늘 두려움의 대상입니다. 지금껏 소수의 사람이 이를 감수하고 탐험에 나섰습니다. 그들에게는 선택지가 없었습니다. 안전을 보장해줄 도구나 시스템도 없고 오로지 체력과 동료에게 의지해야 했습니다.

2020년, NASA는 아폴로 13호 50주년을 기념해 사고 당시 내부 사진을 공개했습니다. 절박한 순간에도 웃음과 침착함을 잃지 않았던 우주 비행사들의 모습이 인상적이었습니다. 지구 밖에서 표류했지만 그들 옆에는 용감한 동료가 있었고 무사 귀환을 염원하는 믿음직한 비행 감독관이 있었습니다. 이 사건 이후로도 아폴로계획은 계속되었지만 추진력을 잃게 됩니다. 이미 달에 착륙했기 때문에 우주탐사에 새로운 목표가 필요했습니다. 그중 하나가 재사용이 가능한 우주왕복선을 만드는 겁니다.

아폴로계획에 막대한 예산을 투입했기 때문에 의회를 설득하려면 경제성을 고려한 우주왕복선 개발이 유일

창문을 열면, 우주

한 카드였습니다. NASA는 우주 공간을 비행하는 화물선이라는 목표를 설정하고 우주왕복선 제작을 시작했습니다. 넓은 조종실과 화물칸을 갖춘 우주왕복선은 사람뿐만 아니라 각종 적재물을 지구궤도로 운반할 수 있습니다. 게다가 통신·기상·군사 위성을 화물칸에 실어 궤도로 옮겨 설치하고, 위성에 문제가 생기면 지상으로 다시 가져와 수리까지 가능한 이점이 있습니다.

우주왕복선 프로그램이 견고해지면서 훗날 허블 같은 우주망원경의 시대가 본격적으로 시작됩니다. 우주왕복선은 여러 측면에서 아폴로계획과 다른 양상을 보였습니다. 무엇보다도 모든 탑승자가 우주선 조종 능력을 갖출 필요가 없었습니다. 사령관과 조종사를 제외한 다른 인원은 미션 전문가로서 필요한 전문 분야의 역량을 갖추면 우주 비행사 지원이 가능했습니다. 이러한 새 기준에 따라 최초의 우주왕복선 비행사로 35명이 선발되었습니다.

우주 비행사뿐만 아니라 물리학자, 지질학자를 포함한 미션 전문가들이 뽑혔고, 2년간 훈련을 받았습니다. 아폴로계획만큼 대중에게 주목받지는 못했지만 우주 프로그램을 지속한다는 측면에서는 긍정적이었습니다. 첫 번째 우주왕복선인 컬럼비아호가 임무를 마치고 캘리포니아의 사막 활주로에 착륙하던 순간, 재사용 가능한 우주선의 성공이라는 새로운 이정표를 썼습니다. 당시 활주로에는 세계적인 영화감독 스티븐 스필버그도 나와 우주 비행사들을 반겼습니다.

'재사용 가능한 우주선' 콘셉트는 좋았지만 이미 달 착륙을 경험한 미국인들에게 지구궤도를 비행하는 우주선은 관심을 끌지 못했습니다. 우주왕복선 발사 뉴스는 점점 찾아보기 힘들어졌습니다. 시들해진 대중의 관심에 부담을 느낀 NASA는 일반인이 우주 비행에 참여할 기회를 만들기로 합니다. 뉴스가 나가자 각계각층의 유명인, 작가, 시인 등 수많은 사람이 관심을 보였습니다.

로널드 레이건 대통령은 방송을 통해 교육의 중요성을 언급하며 초등학교와 중학교 교사 중에서 한 명을 선발해 우주에 보낼 계획이라고 발표했습니다. 반응은 뜨거웠습니다. 미국 전역에서 1만 명이 넘는 교사가 지원했고 최종 후보 열 명이 선발되었습니다. 이들은 다양한 검사와 면접을 거쳤고 마침내 크리스타 매콜리프Christa McAuliffe가 우주왕복선 최초의 여성 민간인 우주 비행사로 뽑혔습니다.

콩코드고등학교의 사회 교사였던 그에게는 우주에 가서 과학 수업을 하는 임무가 주어졌습니다. 매콜리프는 우주 비행사에 준하는 강도 높은 훈련을 받았습니다. 일

창문을 열면, 우주

반인 우주여행 시대가 시작되었다는 기대감은 다시 대중의 관심을 우주로 향하게 만들었고 이를 의식한 NASA와 미국 정부도 이 챌린저 프로젝트에 주목했습니다.

기대와는 달리 우려의 목소리도 나왔습니다. 내부 기술자들 사이에서 우주왕복선의 안정성 문제가 거론되었습니다. 로켓 부스터 사이를 연결하는 오링(원형 고무 패킹)이 불안정하다는 것이었습니다. 발사 후 분리된 로켓 부스터를 회수해 검사해보니 매번 오링이 불에 탄 채 발견되었습니다. 예비 오링이 있어 하나가 불타도 나머지 오링이 연료가 새어 나가는 것을 막는다고 하지만 고무 재질이 문제였습니다. 기온이 떨어지면 고무의 특성상 탄력성을 잃어 딱딱하게 굳을 수 있었습니다. 만약 발사 시 오링에 문제가 생기면 연료가 새어 나와 로켓이 폭발하는 대참사가 일어납니다.

NASA는 대책위원회를 만들어 검토했지만 뚜렷한 원인을 알아내지 못했습니다. 발사일이 다가오자 로켓 엔지니어와 NASA 의사결정권자들은 마지막 논의를 진행했습니다. 발사 당일 플로리다의 기온이 떨어져 오링에 문제가 생길 가능성이 높아 엔지니어들이 취소를 건의했지만 받아들여지지 않았습니다. 그 시각, 출발을 앞둔 일곱 명의 우주 비행사는 부푼 기대를 안고 초조하게 기다리고 있었습니다.

1986년 1월 28일 발사 당일 아침, 하늘은 맑았지만 기온은 낮았습니다. 로켓 하단부에는 고드름이 맺혔습니다. 얼음 제거를 위해 두 시간 늦추어졌지만 발사는 예정대로 카운트다운에 들어갔습니다. 25번째 발사된 챌린저호는 잠시 후 굉음을 뿜으며 속도를 내기 시작했습니다. 통신 상태는 양호했고 엔진도 정상적으로 작동했습니다. 우려했던 일이 생기지 않아 모두 안도의 한숨을 쉬던 그때, 최대출력으로 엔진을 점화하는 순간 챌린저호는 시야에서 사라졌습니다. 오른쪽에 달린 보조 로켓 엔진의 불꽃이 탱크에서 새어 나온 연료로 옮겨붙으면서 폭발해버린 것이었습니다.

저는 초등학교 3학년 때 이 장면을 뉴스로 접했습니다. 교사가 우주에 간다는 것은 모두의 관심사였습니다. 두 눈으로 직접 보지는 않았지만 일반인이 탑승한 우주선의 폭발은 충격으로 다가왔습니다. 다음 날 학교에서 선생님이 상황을 설명해주고 애도하는 시간을 가졌던 기억이 납니다.

챌린저호 폭발 이후 대통령 직속 사고원인위원회가 꾸려졌지만 원인이 규명되지 않았습니다. 하지만 상황은 금세 역전됩니다. 청문위원으로 참석한 물리학자 리처드

　　　　　　　　창문을 열면, 우주

파인만Richard Phillips Feynman은 고무 재질의 오링을 가져와서 얼음물에 넣은 다음 힘을 가해 당기는 실험을 했습니다. 오링은 늘어난 상태에서 다시 원형으로 돌아가지 않았습니다. 노벨물리학상 수상자가 청문회장에서 보여준 작은 실험은 챌린저호 폭발이 오링 문제라는 것을 대중에게 알리는 기폭제 역할을 합니다.

원인 규명 후 우주왕복선 운용은 중지되었습니다. 대신 로켓 부스터를 전면 재설계했고 결과는 만족스러웠습니다. 1988년 서울올림픽이 열리던 그해 가을 우주왕복선 디스커버리호가 성공적으로 발사되었습니다. 실패는 성공의 어머니라는 말이 공감은 가지만 받아들이기 힘들 때도 많습니다. 우주개발 역사 속 대표적인 실패 이야기를 곱씹으면 실패의 또 다른 면을 보게 됩니다. 예상치 못한 문제 때문에 실패하기도 하지만, 충분히 예측해서 막을 수 있는 것도 분명 있습니다. 그럼에도 의미를 가진다면, 실패는 또 다른 형태의 경험을 축적하는 시간이 아닐까 합니다.

우주에 가지 못한 그들을 위해 김동률이 부른 〈출발〉을 선곡했습니다. 어떤 일이 생길지 모르지만 또 다른 새로운 선택의 문 앞에 선, 인생의 우주 비행사인 여러분께 들려드리고 싶습니다.

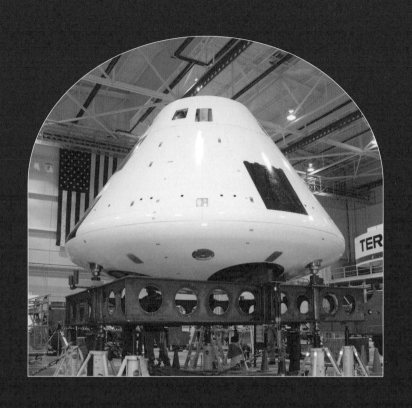

차세대 유인우주선 오리온.

끝나지 않은 달 탐사 아르테미스계획

아폴로 17호를 끝으로 인류는 더 이상 달에 가지 않았습니다. 미국은 우주 경쟁에서 완벽한 승리를 거뒀지만 계속해서 달에 갈 뚜렷한 명분이 없었습니다. 우주를 누비던 우주 비행사들은 일상으로 돌아와 지구인과 우주인 사이에서 경계인으로 살았습니다. 화려했던 초창기 우주개발은 역사의 한 페이지로 남았고, 누군가의 마음속엔 여전히 가슴 뛰는 추억이 되었습니다.

탐험을 하면서 우주개발의 흔적을 마주할 때가 있습니다. 서호주에 가면 아폴로계획 시절의 유물들을 볼 수 있습니다. 앞서 말씀드렸듯이 아폴로 우주선이 남반구 상공을 지날 때 위치를 쫓던 위치추적소 부지가 카나본 외곽에 남아 있기도 합니다. 아폴로 달 착륙 40주년을 기념해 아폴로 11호 우주 비행사 버즈 올드린이 이곳을 방문했습니다. 작은 타운이 갑자기 분주해졌습니다. 달에 다녀온 우주 비행사를 반갑게 맞이하고 싶었을 겁니다. 수십 년간 창고에 보관해두었던 우주 교신 장비와 기록들을 꺼내 작은 박물관을 세웠습니다. 그곳에서 눈길을 끌었던 물건이 있었는데요. 바로 미국 최초의 우주정거장 스카이랩Skylab의 잔해였습니다.

임무가 끝난 스카이랩은 1979년 7월 11일, 지구 대기권에 재진입했고 타다 남은 산소 탱크 파편이 호주 서부에 추락해 세계적으로 화제가 되었습니다. 당시 미국의 한 언론사에서 '스카이랩 파편을 처음 가져오는 사람에게 1만 달러를 지급한다'는 광고를 실었습니다. 서호주 남부 에스페란스에 사는 17세 소년이 지붕에 떨어진 파편을 발견해 미국으로 가져가 상금을 받았습니다.

호주는 넓은 면적 덕분에 우주선과 탐사선의 잔해가 지금도 많이 발견됩니다. 스카이랩 우주정거장은 아폴로 계획이 종료된 뒤 인간이 거주할 수 있는 우주정거장 개발을 목표로 시작된 프로젝트입니다. 우주 공간에서 인간이 장기간 거주하며 생존 가능한지를 실험해보는 첫걸음이었습니다. 거주 목적도 단순 왕복이 아닌 과학 연구를 우선순위에 두었습니다. 불안정한 대기의 영향을 받지 않기 때문에 우주 공간은 행성 관측 시 큰 장점이 있습니다. 향후 태양계 탐사를 준비하는 우주 실험실이 생긴 겁니다. 그렇게 아폴로계획의 바통을 이어받아 스카이랩이 개발되었습니다.

새턴V로켓의 3단 로켓을 개조해서 만든 스카이랩 우주정거장은 1973년 처음 지구궤도에 올라갔습니다. 2층 구조로 제작한 스카이랩은 길이 26미터, 폭이 넓은 부분이 6.7미터에 달했고 미세 중력 실험 장치와 태양 관측용 전망대가 탑재되었습니다. 첫 발사는 무인으로 진행되었고 그 뒤로 세 번에 걸쳐 아홉 명의 우주 비행사가 우주정거장에 체류하며 임무를 수행했습니다.

스카이랩 임무에 참여한 우주 비행사들은 그들 스스로를 우주 이주자로 생각했습니다. 정거장에 도착하면 4주 이상, 장기간 머물렀기 때문입니다. 지상에서는 스카이랩과 똑같은 환경으로 만들어진 실험 모듈에서 적응 훈련을 받았습니다. 실제 정거장에 도착한 후 무중력상태가 신체에 미치는 영향을 연구하기 위해 매일 독특한 장비를 착용하고 실험을 했습니다. 예를 들면, 바퀴가 없는 자

전거를 타며 다리 근육의 변화를 살폈고 현기증과 방향감
각 장애를 측정하는 자동 회전의자의 사용법을 익혔습니
다. 그리고 우주정거장 파손을 대비해 무중력상태에서 용
접이 가능한지도 실험했습니다. 소형 진공 용광로에 금속
표본을 넣은 결과, 용접을 할 수 있다는 것을 알게 되었습
니다.

비용 절감을 위해 아폴로 모듈을 재활용해서 만들
다 보니 잦은 고장과 파손으로 고전했지만 스카이랩은 총
84일간의 우주 장기 체류에 성공했고, 79가지 실험을 성
공적으로 마쳐 오늘날 국제우주정거장을 운용하는 토대
를 마련했습니다. 하마터면 우주정거장 계획은 또 다른
우주 경쟁의 불씨가 될 뻔했습니다. 달 경쟁에서 미국에
뒤진 소련은 살류트Salyut 1호와 미르Mir 정거장을 건설하
며 우주정거장 경쟁에서 미국을 앞서고 있었습니다. 하지
만 1991년 소련이 붕괴되면서 냉전은 종식되었고 우주개
발도 경쟁보다는 협력과 실용성의 시대로 전환점을 맞이
합니다.

1998년 러시아가 만든 자랴Zarya 모듈을 시작으로
건설된 국제우주정거장은 현재 16개 국가가 참여한 가
장 큰 규모의 과학 실험실로 쓰이고 있습니다. 국제우주
정거장이 생기면서 미국과 러시아 외에도 여러 나라의 우

주인과 과학자들이 우주에서 장기 체류를 하게 되었습니다. 수많은 과학 실험을 통해 인류의 삶에 영향을 주었고 국제우주정거장은 무엇보다 인간이 더 먼 우주로 나가기 위한 전초기지 역할을 충실히 담당했습니다. 우주 궤도에 작은 지구촌이 만들어진 겁니다.

하지만 여러 나라의 모듈을 조립해서 제작하다 보니 운영과 안전성 문제가 끊임없이 제기되었습니다. 건설 당시 국제우주정거장은 20년간 사용할 계획이었습니다. 건설이 지연되면서 초기에 지어진 모듈들은 노후화되었고 2007년에는 운석에 맞아 구멍이 뚫렸습니다. 다행히 우주 비행사의 안전에는 문제가 없었지만 장기적으로 운석이나 우주 쓰레기와 충돌할 가능성이 높았습니다.

한때 미국 정부는 국제우주정거장을 2025년까지만 운영하고 중단할 계획이라고 발표했지만, 달 궤도에 루나 게이트웨이Lunar Orbital Platform-Gateway, LOP-G(달 우주정거장)를 지을 때까지는 계속 유지하기로 결정했습니다. 그리고 2017년, 다시 달에 가기 위한 아르테미스계획Artemis Program을 선언합니다. 아폴로계획이 종료된 지 50년 만에 다시 달에 가기로 한 겁니다. 아르테미스는 그리스신화에 나오는 아폴로의 누나이면서 달의 여신입니다. 센스 넘치는 이름 속에는 2024년까지 달에 첫 여성 우주 비행사를 보내겠다는 목표가 담겨 있습니다.

다시 인간을 달에 보내기로 한 NASA는 아르테미스계획에 투입할 11명의 우주 비행사를 선발했습니다. 50년 만에 재개된 우주 비행사 선발은 흥행에 성공했습니다. 최종 경쟁률 1,600 대 1을 통과한 후보들은 2년 동안 달 탐사를 위한 아주 혹독한 훈련을 받았습니다. 마셜 우주비행센터에 있는 대형 수조에서 우주유영을 연습하고 달과 비슷한 운석공에 들어가 지질 탐사 방법을 익혔습니다.

선발 인원 가운데 반가운 사람이 있습니다. 한국계 미국인 최초로 우주 비행사에 선발된 조니 김Jonathan Yong Kim 박사입니다. 이력이 무척 특이합니다. 해군 특수부대 네이비실Navy SEALs에 입대해 두 차례 이라크 파병을 다녀왔고 전역 후에는 하버드대학 의대에 들어가 의사가 되었습니다. 그는 소감을 묻는 인터뷰에서 "NASA는 아이들에게 영감을 주는 플랫폼"이라는 생각이 들어 우주 비행사에 지원했다고 말했습니다.

자, 그러면 인간은 왜 다시 달에 가는 걸까요? 달은 화성 탐사를 위한 최적의 전진기지입니다. 화성 탐사선을 탑재한 로켓연료의 90퍼센트는 지구 대기권을 통과하는 데 사용됩니다. 만약 중력이 약하고 대기가 없는 달에서 화성 탐사선을 조립하고 발사까지 가능하다면 화성에 더 빨리 많은 화물을 싣고 갈 수 있을 겁니다.

무엇보다 달에는 활용 가능한 자원이 많고 물이 매장되어 있습니다. NASA는 거주지인 루나 아웃포스트lunar outpost를 남극 지역에 세울 예정입니다. 달에는 헬륨-3·희토류·우라늄·백금 등 희귀 자원이 풍부합니다. 헬륨-3는 달의 레골리스 표면에 함유되어 있습니다. 레골리스는 암석을 덮고 있는 물질의 층으로 달, 소행성 같은 다양한 천체에서 발견됩니다.

헬륨-3를 핵융합발전에 활용하면 25톤 정도로 핵폐기물 걱정 없이 미국의 연간 소비 전력을 생산할 수 있다고 합니다. 2009년, NASA와 인도의 달 탐사 궤도선은 광학 데이터를 바탕으로 정밀한 헬륨-3 함유량 지도를 제작했습니다. 이를 바탕으로 헬륨-3가 풍부한 지역 여섯 곳 중 두 곳을 탐사 후보지로 제시했습니다.

그리고 달에 기지를 세우면 아폴로계획에서 얻은 과학적 성과를 초월하는 연구를 할 수 있습니다. 아폴로계획 때 우주 비행사들이 달 표면에 체류했던 시간은 모두 합쳐도 하루밖에 되지 않고 탐사한 지역도 달의 앞면뿐입니다.

달 뒷면에 전파망원경을 설치하면 지구에서 발생하

는 신호 잡음에서 자유로울 수 있습니다. 하지만 망원경 건설을 위한 막대한 자재를 지구에서 가져가는 것은 현실성이 떨어집니다. 그렇다면 답은 달 뒷면의 운석공을 이용하는 겁니다. NASA는 2020년 달 뒷면에 있는 운석공에 전파망원경을 세우는 프로젝트에 착수했습니다. 일명 루나 크레이터 전파망원경인데요. 달 표면에 자연적으로 생긴 운석공 지형을 전파망원경의 접시안테나로 쓰겠다는 것입니다.

전파망원경은 우주에서 날아오는 전파 신호를 모으는 방식이기 때문에 전파를 수신하는 부분이 가능한 커야 합니다. 그리고 달은 죽은 천체여서 큰 규모의 지진이나 지각변동이 거의 일어나지 않는 안정적인 지형이기 때문에 운석공을 접시안테나로 사용해도 무너질 걱정이 없습니다. 지구에도 비슷한 형태의 전파망원경이 있습니다. 영화 〈콘택트Contact〉에 등장한 아레시보망원경이나 중국이 건설한 세계 최대 크기의 구면망원경 톈옌Tianyan이 모두 산 지형을 바탕으로 건설된 것입니다. 루나 크레이터 망원경이 건설되면 태양계에서 가장 큰 전파망원경이 될 겁니다.

달에 망원경과 천문대를 짓는 아이디어는 과거에도 존재했습니다. 아폴로 16호가 달 표면에 원자외선 분광 관측기를 가져가 우리은하의 위성은하인 마젤란은하에서 왕성하게 별 탄생이 진행되고 있다는 증거를 발견했습니다. 그러고 보니 일본 만화가 코야마 츄야Koyama Chuya의 《우주형제》에도 달 천문대가 등장합니다. 우주를 꿈꾸던 두 형제가 있었습니다. 훗날 이들은 우주 비행사가 되어 형제를 우주의 길로 이끈 천문학자의 소망인 월면 천문대를 만듭니다. 과학적 사실에 만화의 상상력이 더해진 수작으로 평가받는 작품입니다. 천문학자는 호기심 많은 형제를 우주로 이끌었고 형제는 천문학자의 꿈을 현실로 만들었습니다. 아르테미스계획도 우주를 동경하는 사람들에게 꿈을 심어주지 않을까요?

현재 아르테미스계획은 미국을 포함해 영국, 일본, 이탈리아, 호주, 캐나다, 룩셈부르크, 아랍에미리트, 우크라이나, 브라질, 뉴질랜드를 포함한 12개국이 협정 체결을 했고 앞으로 더 많은 나라가 참여할 예정입니다. 한국도 열 번째 참여국으로 아르테미스계획에 합류했습니다. 우리나라 또한 한국항공우주연구원에서 자체 개발한 누리호 발사체를 바탕으로 달 탐사에 꾸준히 도전하고 있습니다. 2022년 8월에는 스페이스X 팰컨9 로켓에 실어 달 탐사 궤도선KPLO을 발사할 예정입니다.

KPLO 위성에 들어갈 장비 가운데 NASA가 제공한

음영 카메라가 있는데 이를 활용해 아르테미스 착륙선의 착륙지를 조사한다고 합니다. 아르테미스 합류를 계기로 우리도 우주산업의 대열에 한 걸음 더 다가간 셈입니다. 예전처럼 로켓부터 위성까지 전체를 직접 만들기보다는 우리가 잘하는 분야를 강점으로 내세워 국제 협력을 통해 우주개발에 참여하는 방식이 효과적이라는 생각이 듭니다.

NASA는 2021년 아르테미스 1호를 발사해 무인 달 궤도 비행을 추진합니다. 그리고 2023년에 유인 달 궤도 비행을 할 아르테미스 2호를 발사할 계획입니다. 무엇보다 2024년에는 아르테미스 3호를 타고 첫 여성 우주인이 달에 가게 되고요. 어쩌면 우주 비행사들이 방탄소년단의 노래를 들으면서 가게 될지도 모르겠습니다. 2019년 NASA 존슨스페이스센터에서 아르테미스계획에 참여하는 우주 비행사들에게 추천하고 싶은 노래를 모집한다는 소식을 올렸습니다. 최종 선곡 리스트로 방탄소년단의 〈문차일드〉〈134340〉〈소우주〉가 NASA 문튠스에 추가되었습니다.

아르테미스를 염두에 두지는 않았겠지만 달 탐사와 정말 잘 어울립니다. 달의 여신이 달에 가기로 했으니, 방탄소년단의 노래를 듣지 않을 수 없겠습니다. 우주 비행

사가 되어 달에 가는 꿈을 꾸는 분들께 〈문차일드〉를 보내
드리고 싶습니다.

3부.

조금
더 멀리,
화성으로.

화성의 운석공.

왜
화성일까?

구인 광고

화성에 정착할 '용감한' 지구인을 찾습니다.

길을 걷다가 벽에 붙은 이처럼 황당한 구인 광고를 본다
면 어떤 선택을 하시겠습니까? 영화 〈마션The Martian〉을 본
이라면 답은 뻔해 보입니다. '절대 화성에 가지 않겠어'라
고 할 겁니다. 시도 때도 없이 먼지 폭풍이 불고 언제, 어
떤 위험이 닥칠지 모르는 화성에 갈 사람은 없겠지요. 목
숨이 위태로운 상황에 영화처럼 지구에서 구조대를 보내

구해줄 수도 있지만 실제 확률은 희박해 보입니다.

그런데 위의 구인 광고는 가상이 아닙니다. 2015년 네덜란드 우주 기업 마스원Mars One은 편도행 화성 이주 희망자를 모집하는 공고를 냈고, 전 세계에서 20만 명이 넘는 지원자가 몰렸습니다. 물론 자금난으로 회사는 망했습니다. 그나저나 저런 구인 광고는 누구의 아이디어일까요? 모르긴 해도 화성에 대해 뭘 좀 아는 사람이 하지 않았을까요? 밤하늘에서 맨눈으로 보이는 '붉은 별'에서 화성 탐사선이 보낸 방대한 자료를 보면 인간도 화성에 갈 수 있을 거라는 실낱같은 믿음이 생길 겁니다. 최근 화성에 사람과 화물을 실어 보낼 수 있는 우주선까지 등장하면서 인간이 화성에 갈 가능성이 커졌습니다.

역사적으로 보아도 화성은 매력적인 행성임에 틀림없습니다. 화성은 기원전부터 천문학자들의 많은 관심을 받았습니다. 특히 육안으로 보이는 행성들은 인간사에도 영향을 미친다고 생각해 점성술의 근간이 되었습니다. 17세기 들어 망원경이 발명되었고 화성에 대한 관심은 최고조에 달했습니다. 막연한 대상이 아닌 측정 가능한 영역 안으로 들어오자 수많은 관측 결과와 가설이 쏟아진 것입니다. 그러다 보니 성능이 낮은 망원경으로 관측한 결과 때문에 논란이 일기도 했습니다.

이탈리아 천문학자 스키아파렐리Giovanni Virginio Schiaparelli는 최초로 화성 표면 지도를 만들었는데, 여러 개의 폭이 좁은 선을 수로로 표기했습니다. 이탈리아어로 수로는 '까날리canali'인데, 이것이 영어 운하canal로 잘못 번역되면서 사람들은 화성에 운하가 있다고 믿기 시작했습니다. 화성에 운하가 있다는 소문은 운하를 만든 화성인이 존재할 거라는 추측으로 이어졌습니다. 이때부터 화성은 SF소설의 단골 주제가 되었습니다. 1898년 허버트 조지 웰스Herbert George Wells가 쓴 《우주 전쟁The War of the Worlds》은 사람들의 화성인에 대한 관심을 끌어 올렸고, 최초의 로켓을 개발한 로버트 허칭스 고더드Robert Hutchings Goddard도 웰스의 소설에서 영감을 얻었습니다.

이러한 대중적 관심은 화성 탐사에 대한 구체적인 꿈을 키우는 단초가 되었습니다. 게다가 화성 탐사선의 등장은 급진적인 변화를 만들었습니다. 인간을 닮은 화성인이 아닌 탄소 기반 생명체를 찾는 것으로 목표가 바뀌었습니다. 과학자들은 탐사선이 보낸 자료를 토대로 생명을 구성하는 여섯 가지 원소(탄소, 산소, 질소, 수소, 인, 황)가 있는 조건이라면 어느 곳에나 생명체가 존재할 수 있다고 생각했습니다. 무엇보다 생명의 근간을 이루는 탄소라는 원료가 화성에 많다는 사실에 과학자들을 열광했습니다. 그러나 아직까지 화성에서 생명체는 발견되지 않았습니다.

천문학자들은 분광학을 통해 천체들의 화학적 조성을 알아내며 우주의 모든 곳에 생명체가 살 수 있을지 모른다고 생각했고, 생물학자들은 DNA나 탄소로 이루어지지 않은 생명체의 가능성을 논의하며 본격적인 우주생물학의 탄생을 촉발시켰습니다. 우주생물학의 발전을 이끌어낸 사람은 미국의 천문학자 칼 세이건Carl Edward Sagan입니다. 그는 '이렇게 넓은 우주에 지구에만 생명체가 존재한다면 엄청난 공간의 낭비'라는 말을 남겼습니다. 우리가 내린 '생명체'의 정의가 지구에 사는 생명체에만 해당하는 것은 아닐까 하는 화두를 던집니다.

이 굵직한 질문은 우주생물학자들을 생명체가 살기 어려운 극한 환경으로 시선을 돌리게 만들었습니다. 우주생물학자는 사건 현장에서 단서를 찾는 과학 탐정입니다. 그들은 극지, 화산, 온천, 심해 열수구를 탐험하며 미생물을 연구하고 있습니다. 대표적인 곳이 미국 옐로스톤국립공원에 위치한 그랜드 프리즈매틱 온천입니다. 영롱한 파란빛 물이 아름다운 이곳은 고온에서도 살아가는 미생물들의 천국입니다. 1969년 이 온천에서 열을 좋아하는(호열성) 미생물이 처음 발견되었습니다. 온천의 중심부에서

창문을 열면, 우주

밖으로 나가는 동안 물의 색깔이 달라지는 것도 미생물 때문이라는 연구 결과가 나왔습니다. 미생물들이 각자 좋아하는 온도에 따라 적응하며 화학반응을 일으켰기 때문입니다.

40억 년 전 지구의 표면은 옐로스톤의 온천처럼 뜨거웠고 대기는 오늘날의 화성처럼 이산화탄소, 질소, 메탄으로 가득 채워져 있었습니다. 이런 극한 환경을 견디는 미생물의 능력을 연구하면 초기 지구의 가혹한 환경에서 어떻게 생명이 탄생했는지, 화성처럼 더 살기 힘든 상황에서 어떻게 생명이 존재할지 이해할 수 있을 겁니다.

또한 우주생물학자들이 자주 방문하는 서호주 사막은 화성과 지질학적 구조가 아주 유사합니다. 이곳에서 발견된 35억 년 전에 살았던 미생물 화석은 지구에서 가장 오래된 생명체의 흔적입니다. 지구가 생기고 10억 년 뒤에 등장한 최초의 생명이지요. 우주생물학자들은 서호주 사막에서 발견한 미생물 화석을 보고 화성에서 무엇을 찾아야 하는지 깨달았습니다. 지구와 화성은 비슷한 시기에 만들어졌고 초기 환경도 비슷했습니다. 우주생물학자들은 탐사 로버가 서호주 사막에서 발견된 화석과 유사한 것을 화성에서 찾아주길 기대하고 있습니다. 결국 지구에서 우주생물학자가 하는 일을 화성에서는 탐사 로버가 대신하는 셈입니다.

화성에도 생명체가 존재할까라는 물음은 우리가 화성으로 가는 원동력이 됩니다. 인류가 화성에 관심을 갖는 궁극적인 이유, 인간이 장기 거주 가능한 행성인지를 확인하기 위해서라도 반드시 답을 찾아야 하는 질문이기도 합니다. 지구야말로 인간에게 가장 적합한 환경인데 왜 화성에서 살고자 하는지 의문이 듭니다. 과학자들은 각자 자신들이 연구한 내용을 토대로 화성 이주에 대한 합리적인 근거를 제시합니다.

기후학자들은 지구온난화에 따른 기온 상승으로 지구가 거주 불능 상태가 될 경우를 대비해 피난처를 만들어야 한다고 주장합니다. 지질학자들은 과거 지구에서 일어난 다섯 번의 대멸종 사건을 언급하며 여섯 번째 대멸종을 대비해야 한다고 말합니다. 그래프와 통계 자료를 근거로 한 경고의 목소리는 꽤 오래전부터 있었지만 대중과 사회는 이를 묵인했습니다. 최근 일어나고 있는 전 지구적인 기후 재앙을 경험하고 나서야 그들의 목소리에 귀 기울이기 시작했습니다.

어두운 지구의 미래를 떠올려보면 화성으로 이주해야 하는 이유는 결국 인류의 생존 때문입니다. 더 큰 위기가 찾아오기 전에 지구와 비슷한 거주지를 만들어놓자

　　　　　　　　창문을 열면, 우주

는 이야기겠지요. 일론 머스크Elon Reeve Mask가 화성 이주를 주장하는 것도 지구를 넘어 다른 행성을 넘나드는 일이 인류의 장기 생존을 위해 중요하기 때문입니다. 이와 달리 이러한 급진적인 생각에 회의적인 시각도 많습니다. 우선 지구에 산재한 문제부터 해결하자고 합니다. 하지만 다른 관점으로 보면 화성으로 가기 위한 기술 개발은 혁신을 만들고 그 혁신은 지구의 문제를 해결하는 도구가 될 수 있습니다.

우주개발에서 파생된 기술을 스핀오프spin-off라고 부릅니다. 코로나19로 우리 삶의 일부가 된 적외선 체온계는 별의 온도를 측정하기 위해 개발한 적외선 온도 측정 기술에서 비롯되었습니다. 따듯한 커피를 내려주는 커피 메이커는 화성 탐사 로버의 제어 시스템PID에서 나왔고요. 로버가 울퉁불퉁한 지형에서 일정한 속도를 유지하게 만드는 PID 기술은 물과 커피의 온도를 유지해주는 기능으로 재탄생했습니다. 1976년부터 NASA는 이러한 파생 기술을 통해 약 1,800건의 상품을 출시해 우리 삶에 직접 영향을 주고 있습니다.

자, 그럼 화성에서 생존하기 위해 극복해야 하는 것은 무엇일까요? 영화 〈마션〉에서 마크 와트니가 혼자 남겨진 아시달리아Acidalia 평원에 도시를 건설한다고 가정해보겠습니다. 최정예 탐사대원들이 먼저 화성에 도착해 사용할 수 있는 자원들을 확보합니다. 많은 사람이 거주하려면 가급적 화성에 있는 자원을 활용해야 지구에서 가져가는 화물의 양을 줄일 수 있습니다.

화성 대기의 주성분인 이산화탄소는 자급자족을 위한 식물 재배에 중요한 자원입니다. 이산화탄소가 지구에서는 기온 상승의 원인이지만 광합성을 통한 식물체의 성장에 필수 요소입니다. 더불어 산소와 메탄으로 변환해 로켓연료로 쓸 수 있습니다. 산소는 호흡에도 필요하지만 로켓 추진체에 반드시 필요합니다. 또한 인간이 거주할 건물을 지으려면 화성 토양을 활용해야 합니다. 화성에 짓는 건물 위에 화성 토양을 덮으면 우주 방사선을 차단할 수 있습니다.

이렇게 현지 자원을 최대한 이용하는 일은 달 탐사에도 똑같이 적용됩니다. 달에 건물을 지을 때 달의 토양인 월면토를 사용할 계획입니다. 그래서 과학자들은 달이나 화성 토양의 화학조성을 고려해서 복제 토양을 만들고 작물 재배나 건물을 짓는 실험을 합니다. 한국건설기술연구원에서도 세계에서 다섯 번째로 달 복제 토양을 만들었고, 접합제를 섞어 달 콘크리트를 개발하는 데 성공했습니다. 2019년에는 달 표면 환경을 재현한 세계 최대 규모의 지반열 진공 체임버를 만들어 미세한 월면토가 쌓여 있고 수백 도의 일교차가 발생하는 달의 모습을 그대로 구현해 실전에 버금가는 실험이 가능하게 되었습니다. 이러한 준비는 미래의 행성 탐사에 그대로 적용될 겁니다.

이제 대규모 인원이 화성으로 이주하기 전에 해결해야 하는 가장 큰 문제가 남았습니다. 화성은 태양을 기준으로 네 번째에 있는 행성으로, 지구와 닮은 점이 많습니다. 하루의 길이, 자전축의 기울기가 비슷하고 극지방에는 얼음이, 희박하지만 대기도 존재합니다. 무엇보다 지구처럼 암석형 행성이라 건물을 짓거나 지표면에서 차량과 사람이 이동할 수 있습니다. 그러나 다른 점도 많습니다. 표면 중력이 지구의 38퍼센트 정도이고, 지구보다 바깥쪽에 있어 태양에너지를 적게 받습니다. 무엇보다 자기장과 오존층이 없어서 우주에서 날아오는 태양풍을 막을 수 없습니다.

화성의 극단적인 환경에서 문명을 발전시키려면 환경을 대대적으로 바꾸는 테라포밍terraforming이 필요합니다. 테라포밍은 지구가 아닌 다른 행성이나 위성을 인간이 살 수 있도록 변화시키는 작업입니다. 즉, 죽은 세계를 바꾸는 일입니다. 테라포밍의 아이디어는 다양합니다. 화성 궤도에 대형 반사경을 설치해 화성의 만년빙에 에너지를 쏴서 행성을 뜨겁게 만들고 얼음을 녹입니다. 얼음이 녹아 지표면을 흐르다 기화하면 온실효과가 일어나 따뜻해질 겁니다. 온실효과로 화성의 온도를 섭씨 10도만 올릴 수 있다면 토양 속에 포함된 방대한 양의 이산화탄소가 대기 중으로 방출되겠지요. 이렇게 토양에 얼어붙어 있던 물이 흘러나오기 시작하면 말랐던 개울이 살아나며 강과 호수를 채울 겁니다. 비도 내리겠지요. 대기 중의 이산화탄소와 따뜻한 기온 그리고 물의 순환으로 화성에 식물이 자라기 시작할 것입니다.

화성의 대기를 바꾸는 방법은 지구에서도 찾을 수 있습니다. 원시 지구의 대기에 산소를 공급한 시아노박테리아처럼 광합성 과정에서 이산화탄소를 이용해 산소를 배출하는 미생물을 화성에 이식하는 것입니다. 2012년 독일항공우주센터에서 운영하는 모의 화성 조건 실험에서 진행한 방식으로 실제 가능성을 엿보기도 했습니다. 화성 조건의 실험실에서 시아노박테리아가 생존했고 34일 후에 광합성을 해 산소를 배출했습니다.

아이디어대로 테라포밍이 실현되면 좋겠지만 현재 기술 수준으로는 불가능할지도 모릅니다. 가능하더라도 수백 년에서 수천 년이 걸릴 수도 있습니다. 하지만 늘 그랬듯이 답을 찾을 겁니다. 지금껏 인류는 끊임없이 불모

창문을 열면, 우주

지를 개척하며 문명을 발전시켰습니다. 언젠가는 화성의 척박한 땅을 개척해야만 하는 시기가 찾아올 겁니다.

우리는 여전히 화성에 생명체가 존재하는지 모릅니다. 그리고 우리가 그곳에서 살 수 있는지도 확실치 않습니다. 이 모든 질문에 답을 찾기 전에 꼭 기억해야 할 게 있습니다. 칼 세이건의 말로 대신하겠습니다. '화성에 생명체가 존재한다면 화성은 그들의 것입니다. 화성인이 비록 미생물일지라도 말입니다.'

인류가 화성으로 가는 길이 부디 모험과 배움으로 가득한 여정이 되었으면 좋겠네요. 넬이 부른 〈홀딩 온 투 그래비티Holding on to gravity〉를 들려드리고 싶습니다. 중력이 우리를 놓아주지 않듯이 늘 제자리일 수밖에 없는 마음을 표현한 노래입니다.

과학자들이 직접 칠한 매리너
4호가 보낸 화성 이미지.

행성 탐사,
찬란한 실패의 여정

미국과 소련의 달 착륙 경쟁이 치열했던 시기에 행성 탐사도 본격적으로 시작되었습니다. 행성 탐사 역시 두 나라의 우주 경쟁에서 촉발되었지만, 우주와 태양계를 이해하려는 탐구심도 달 탐사 못지않게 컸습니다. 우주 경쟁을 통해 두 나라 모두 강력한 로켓과 유인우주선 기술을 가지고 있었기 때문에 가능했습니다. 달 탐사에 투입되는 비용을 생각하면 무인 행성 탐사를 하지 않을 이유가 없었을 겁니다.

　　로켓 기술에서 앞서 나갔던 소련은 미국보다 2년 앞

서서 1960년 10월, 최초의 화성 탐사선인 마스1M 1호, 2호를 발사했지만 모두 지구궤도를 벗어나지 못하고 실패했습니다. 2년 뒤 두 행성이 가까워지자 마스 1호로 재도전에 나섰지만 지구에서 1억 676만 킬로미터 떨어진 지점에서 안테나 지향 장치가 고장 나 다시 고배를 마셨습니다.

1960년대에 시도한 소련의 화성 탐사는 모두 실패로 끝났지만 1970년대 들어 도약의 시기를 맞이합니다. 1971년 5월 발사된 마스 2호는 성공적으로 화성 궤도에 도착했고 마스 2호와 쌍둥이 탐사선인 마스 3호는 한 달 뒤 최초로 착륙선을 화성 표면에 안착시켰지만 통신이 두절되었습니다. 절반의 성공이었지만 마스 2, 3호의 궤도선은 과학적으로 화성을 이해하는 데 큰 기여를 했습니다.

한편 제미니계획으로 로켓 기술에 자신감을 얻은 미국은 소련의 뒤를 이어 1964년 매리너Mariner 3호를 발사하지만 발사 직후 탐사선의 보호 덮개가 분리되지 않았습니다. 매리너 3호가 실패한 뒤 제트추진연구소 과학자들은 화성을 근접 통과하는 매리너 4호의 카메라 신호를 애타게 기다렸습니다. 당시 기술로는 화성 대기권에 진입하거나 착륙하기가 어려워 탐사선이 행성을 빠르게 지나가는 짧은 순간에 관측할 수밖에 없었습니다. 이러한 이유로 한 번도 선명한 화성의 모습을 보지 못했기 때문에 매리너 4호에 거는 기대가 컸습니다. 하지만 화성의 사진을 찍은 뒤 어떻게 지구로 보내야 할지가 문제였습니다.

이때는 필름 카메라가 전부였습니다. 탐사선에 필름 카메라를 달아서 보내면 영영 사진을 현상할 방법이 없습니다. NASA는 필름 카메라로 화성을 촬영한 후 탐사선이 지구로 돌아와서 필름이 든 캡슐을 떨어뜨리는 방식도 생각했지만 당시 기술로 탐사선을 지구로 귀환시키는 건 불가능했습니다. 유일한 대안은 화성의 모습을 자기테이프에 디지털 코드인 '0'과 '1'로 기록하는 디지털카메라를 발명하는 겁니다. 그렇게 매리너 4호는 세계 최초의 디지털카메라를 장착하고 화성으로 보내졌습니다.

방법은 해결되었지만 촬영 타이밍이 관건이었습니다. 탐사선은 화성 궤도에 머물지 못하고 잠깐 스쳐 지나가기 때문에 이때를 놓치면 디지털카메라도 무용지물이 됩니다. 다행히 매리너 4호는 화성에서 9,846킬로미터 떨어진 지점을 스쳐 가며 25분 동안 200×200픽셀의 사진 22장을 촬영했습니다. 이는 화성 표면의 1퍼센트에 해당하는 지역으로, 다른 행성의 지표면을 최초로 관측한 자료입니다.

당시 통신 속도는 1초당 8비트였습니다. 200×200

픽셀의 사진 한 장을 받으려면 여덟 시간이 필요했습니다. 느리기는 했지만 사진 데이터는 계속 NASA로 전송되었습니다. 그런데 데이터가 도착해도 컴퓨터가 이미지를 처리하려면 며칠이 더 필요했습니다. 마음이 급해진 과학자들은 사진 데이터에서 '0'과 '1'을 가져와 이미지를 만드는 방법을 생각해냈습니다. 먼저 매리너 4호가 보낸 이진 코드표를 가위로 잘라 벽에 수직으로 붙였습니다. 그리고 이진 코드 색상표와 대조하며 아트숍에서 사온 파스텔로 색을 칠하기로 했습니다.

채색을 시작하자마자 검은색이 보여 모두 긴장했습니다. 혹시라도 완성되지 않은 검은색 그림이 언론에 노출되는 것을 우려해 무장 경비원을 세우고 이동식 칸막이 벽 뒤에서 색칠을 이어갔습니다. 당시 영상 기록을 보면 두 명의 과학자가 벽에 그림 그리는 모습을 수십 명의 동료들이 지켜보고 있습니다. 낙서하는 듯 보였지만 시간이 흐르자 점점 화성의 윤곽이 드러났습니다.

완성된 그림은 화성 아랫부분의 가장자리였습니다. 어두운 색으로 칠한 부분은 우주 공간이었고 밝은 영역은 화성이었습니다. 화성 표면 위에 덧칠해진 주황색은 표면 위의 구름이었습니다. 며칠 뒤 컴퓨터가 완성한 이미지와 비교해도 크게 다르지 않았습니다. 제트추진연구소는 당시 썼던 파스텔을 보관하고 있습니다. 역시 검은색이 가장 많이 닳았습니다. 검은색 파스텔이 점점 닳을수록 과학자들의 마음도 닳지 않았을까요? 이 매력적인 첫 화성 그림은 NASA 제트추진연구소 설립자인 윌리엄 피커링 Edward Charles Pickering 의 사무실이 있던 건물에 지금도 걸려 있습니다.

2000년대에 들어와서 유럽도 화성 탐사에 도전장을 내밀었습니다. 유럽우주국ESA과 러시아우주국RSA은 우주생물학 과학 임무를 위해 엑소마스ExoMars 탐사선을 공동으로 개발했습니다. 아이돌 그룹 엑소를 연상케 하는 탐사선의 이름은 화성 우주생물학을 뜻하는 'Exobiology on Mars'를 줄인 말입니다. 이 탐사선은 화성 궤도를 돌며 대기와 암석의 메탄가스를 측정하는 가스 추적 궤도선과 지상 임무를 맡은 고정형 착륙선인 스키아파렐리로 구성되었습니다.

2016년 3월 러시아 바이코누르 우주기지Baikonur Cosmodrome에서 발사된 엑소마스는 7개월 동안 4억 9,600킬로미터를 날아가 10월 16일 궤도선에서 착륙선 스키아파렐리를 분리했습니다. 모든 착륙선이 거쳐야 하는 7분간의 하강 작업이 진행되었습니다. 스키아파렐리는 빠른 속도로 하강하면서도 대기 성분을 측정해 궤도선으로 보냈습니다. 궤도선은 스키아파렐리가 보낸 자료를 기록함과 동시에 유럽우주국의 마스 익스프레스Mars Express 궤도선과 NASA의 마스 르네상스Mars Renaissance 궤도선과 함께 스카이파렐리의 이동 신호를 모니터했습니다. 착륙 직전까지도 별다른 문제는 없어 보였지만 착륙 직후 스키아파렐리는 교신이 끊겼습니다. 통신 장치의 문제일 수도 있기 때문에 실패라고 생각하지 않았습니다.

그 후 몇 주 동안 궤도선은 스키아파렐리의 흔적을 찾기 시작했고 착륙 지점과 가까운 지역에서 탐사선의 파편을 발견했습니다. 조사위원회는 몇 개월에 걸친 조사 끝에 결과를 발표했습니다. 대기 진입 약 3분 뒤 낙하산이 펼쳐졌지만 착륙선은 빠르게 회전했습니다. 회전 속도를 재는 관성 측정 장치의 예상 범위를 넘어버린 겁니다. 이때 내비게이션 및 제어 시스템 소프트웨어에서 착륙선의 자세 추정 오류가 발생합니다. 이로 인해 스키아파렐리는 약 3.7킬로미터 상공에서 자유낙하 해 지상과 충돌하고 말았습니다.

성공을 바로 눈앞에 두고 생긴 결함이라 안타까움이 컸지만 스키아파렐리 조사위원회는 성공적인 임무 수행이라고 발표했습니다. 일단 추락하기 전까지 600메가바이트가량의 데이터를 궤도선으로 전송했습니다. 더불어

창문을 열면, 우주

착륙 과정에서 발생한 소프트웨어 오류를 밝혀내 낙하산 동작의 컴퓨터 모델을 개선하는 데 큰 기여를 했습니다. 성공적으로 착륙했다면 예상 밖의 약점을 발견하지 못했을 겁니다. 유럽우주국과 러시아우주국은 2022년 새로운 화성 탐사선 로절린드 프랭클린Rosalind Franklin을 발사해 다시 도전할 계획입니다. 부디 좋은 결과가 있기를 바랍니다.

숱한 실패가 있었음에도 화성 탐사에 도전장을 내민 나라들은 늘어났습니다. 중국을 비롯한 아시아 국가들도 화성에 관심을 갖기 시작했습니다. 1998년 일본은 아시아 최초로 화성 대기 탐사선 노조미Nozomi를 발사했지만 전기 공급 장치 문제로 궤도 진입에 실패했습니다. 중국은 2011년 잉훠Yinghuo 1호를 발사해 화성 궤도를 정찰할 계획이었지만 역시 지구궤도를 벗어나지 못하고 태평양에 떨어졌습니다.

행성 탐사에서 실패를 경험한 일본은 소행성 탐사로 눈을 돌렸습니다. 소행성을 떠올리면 지구를 향해 돌진하는 커다란 돌덩어리가 연상됩니다. 소행성은 행성에 비해 크기는 작지만 행성의 DNA를 고스란히 간직하고 있습니다. 그래서 소행성을 태양계 형성의 비밀을 담은 타임캡슐에 비유합니다. 소행성은 행성보다 작고 태양 주위를 공전하는 천체입니다. 행성은 수많은 작은 물질이 충돌하고 뭉치면서 만들어집니다. 소행성은 행성 크기로 진화하지 못한 천체라고 보면 됩니다. 우리가 아는 소행성들은 화성과 목성 궤도 사이에 있는 소행성대에 존재합니다. 지금까지 약 23만 개의 소행성이 발견되었지만 전체를 다 합쳐도 지구 질량의 1,000분의 1 정도입니다.

현재 일본은 소행성 탐사에서 가장 큰 활약을 보이고 있습니다. 그중 하야부사Hayabusa 탐사선은 소행성 탐사의 전설로 불립니다. 이 탐사선은 2003년 발사되어 소행성 이토카와Itokawa에 착륙해 암석 표본을 수집해서 2007년도에 지구로 귀환할 예정이었습니다. 그런데 출발부터 순탄치 않았습니다. 발사 후 지구궤도를 도는 과정에서 태양풍을 직격으로 맞아 태양전지 판의 출력이 감소되어 예정보다 늦게 이토카와에 도착했습니다. 어렵게 갔지만 착륙하기도 전에 시련을 맞습니다.

이토카와 상공 20킬로미터까지 접근한 하야부사는 분리형 착륙선인 미네르바Minerva를 소행성에 착륙시킬 준비를 했습니다. 추진체를 분사해 하강 속도를 줄이던 순간에 명령어 송수신에 치명적인 문제가 생깁니다. 추진체를 분사하지 않고 착륙선 미네르바를 분리시킨 것입니다. 미네르바는 소행성에 착륙하지 못하고 졸지에 우주를 떠도는 미아가 되었습니다. 일본 과학자들은 어떤 심정이었을까요? 천문학적인 비용과 노력이 한순간의 실수로 물거품이 된 상황이었습니다. 하지만 누구의 잘못도 아니었습니다. 한 번도 해보지 않은 일에는 늘 실수가 따릅니다. 과학자들은 마음을 다잡고 방법을 찾았습니다.

우선 예비로 준비해둔 소형 구슬을 발사했습니다. 구슬이 표면에 충돌하며 생기는 파편과 모래를 수집할 생각이었습니다. 그러나 구슬은 정상적으로 나가지 않았습니다. 희망이 흩어지는 순간 마지막 승부수를 띄웁니다. 암석 표본을 채집하지 못하면 하야부사의 목표는 사라집니다. 결국 하야부사를 이토카와에 직접 착륙시켜 충돌할 때 생기는 암석 표본을 수집하기로 결정했습니다. 쉬운 판단은 아니었습니다. 충돌 과정에서 기체가 파손되면 지구로 돌아오지 못할 수도 있습니다. 표본은 수집했지만 무모한 도전의 대가로 하야부사는 본체가 파손되고 연료도 누출되는 등 만신창이가 되었습니다.

마지막 남은 이온엔진과 과학자들의 프로그램 복구 노력으로 하야부사는 지구를 떠난 지 7년 만에 소행성의 표본을 가지고 지구 근처까지 비행했습니다. 대기권에 진입하기 전, 하야부사는 표본이 담긴 캡슐을 발사하고 산화되어 최후를 맞이했지만 캡슐은 무사히 호주 남부 애들

레이드의 우메라사막에 떨어졌습니다. 이 사막 근처의 플린더스산맥 주변은 운석 충돌로 생긴 운석공이 많은 지역입니다. 그리고 운석의 고향은 소행성입니다. 고향에서 날아온 암석이, 운석의 흔적이 많은 우메라사막에 도착한 것도 멋진 우연이라고 생각합니다.

하야부사는 인류 최초로 달 이외의 천체에 착륙하고 그 샘플을 채취하여 지구로 귀환한 탐사선으로 기록되어 기네스북에 올랐습니다. 기적처럼 돌아온 하야부사는 사람들에게 큰 감동을 주었습니다. 일본에서는 영화로도 제작되었습니다.

실패의 여정을 돌아보니 한 편의 멋진 드라마를 본 기분이 듭니다. 실패 과정에서 필연적으로 우주의 미아가 된 탐사선들에 영화 〈인터스텔라〉 OST 〈아임 고잉 홈I'm Going Home〉을 들려주고 싶습니다. 언젠가 지구로 돌아와 달라는 메시지와 함께 보냅니다.

창문을 열면, 우주

퍼서비어런스 로버가
탐사하는 예제로
분화구.

과학자의 새 실험실
탐사 로버

만약 당신이 화성 탐사 로버의 책임 과학자라면, 어떤 장비를 포함시키겠습니까? 저는 먼저 지질학자에게 자문을 구하겠습니다. 화성에 당신들과 똑같은 작업을 할 로버를 보내려고 하는데 장비를 추천해달라고 말입니다. 2000년대 들어서 화성 탐사 로버는 비약적으로 발전했습니다. 기존의 탐사 로버와 바퀴 개수만 같을 뿐 완전히 재탄생했습니다. 컴퓨터, 통신, 전자, 기계 등 로버 제작에 필요한 기반 기술의 발전으로 새 옷을 입었습니다.

탐사 로버는 과학자의 실험실을 통째로 옮겨놓았다

고 해도 과언이 아닙니다. 그렇다면 최첨단 기술의 집약체인 탐사 로버에는 실제로 어떤 장비가 탑재되어 있을까요? 2021년 2월, 화성에 간 퍼서비어런스 탐사선의 발사 순간부터 착륙까지의 긴 여정을 공학자의 눈으로 따라가 보겠습니다.

먼저 화성이나 화성의 위성을 연구하기 위해 만든 우주선을 화성 탐사선이라고 부릅니다. 화성 탐사선은 탐사 목적에 따라 화성 궤도를 도는 궤도 정찰위성과 화성 표면을 탐사하는 로버를 탑재하게 됩니다. 탐사 로버도 형태에 따라 두 가지로 구분할 수 있습니다. 큐리오시티나 퍼서비어런스처럼 바퀴가 달린 이동형 탐사 로버와 인사이트처럼 한 지점에서 화성을 들여다보는 고정형 탐사 로버가 있습니다.

지구에서 화성까지는 정말 멉니다. 평균 5억 킬로미터 이상의 거리를 비행하려면 엄청난 양의 연료가 필요하겠지요. 하지만 탐사선의 연료 탱크는 그렇게 크지 않고 한정된 분량만 실을 수 있습니다. 따라서 최소한의 연료로 화성에 가야 하며, 다른 힘을 빌리는 특별한 방법이 필요합니다. 즉, 호만 전이 궤도Hohmann transfer orbit를 이용하면 문제가 해결됩니다. 호만 전이 궤도는 가장 적은 에너지로 두 행성 사이를 이동하도록 두 행성의 공전궤도를 타원으로 연결한 비행경로입니다.

1925년, 독일의 과학자 발터 호만Walter Hohmann은 출발하는 행성과 도착하는 행성의 양쪽에 접하는 타원궤도가 연료를 가장 적게 쓴다고 생각했습니다. 그의 발상은 훗날 과학자들로 하여금 행성의 중력을 이용하는 방법을 고민하게 했습니다. 바로 행성의 공전 에너지를 최대한 활용해 비행체를 다음 단계의 궤도로 이동시키는 방법입니다. 물론 직선으로 비행할 때보다 오래 걸리고, 정확한 시점을 기다려야 하는 단점이 있지만, 연료 효율성을 고려했을 때 최선의 방식이었습니다.

호만 전이 궤도를 이용해 화성에 가려면 26개월을 기다려야 합니다. 지구와 화성의 공전 주기와 속도가 다르기 때문에 두 행성의 상대적 위치가 같아지는 회합주기가 돌아와야 발사가 가능합니다. 그 뒤 지구궤도를 벗어난 탐사선은 약 7개월간의 비행 끝에 화성에 근접하게 됩니다.

그동안 탐사 로버들은 낙하산으로 하강 속도를 줄인 다음 거대한 에어백을 이용해 표면에 착륙했습니다. 하지만 2012년 8월 화성에 도착한 큐리오시티Curiosity 로버는 크고 무거웠기 때문에 에어백만으로 착륙할 때 충격을 감당하기 어려웠습니다. 전혀 다른 형태의 아이디어가 필요했습니다. NASA 엔지니어들은 고민 끝에 스카이크레인 skycrane 방식을 채택합니다. 로버가 로켓엔진이 달린 크레인에 매달려 하강하다가 케이블을 내려 지상에 착륙하는 방식입니다. 이론적으로는 가능했지만 신뢰성을 입증해야 했습니다. 여기서 문제는 지구에서 화성과 똑같은 방식으로 테스트할 수 없다는 겁니다. 결국 실험을 세분화해서 각각의 단계를 확인하며 넘어가야 했습니다. 스카이크레인은 실험에만 몇 년이 걸렸습니다.

이제 본격적으로 화성 대기에 들어가보겠습니다. 진입하기 10분 전, 운항 장치가 에어로셸aeroshell과 분리됩니다. 운항 장치에는 우주 비행에 필요한 태양전지 판, 연료 탱크, 안테나 등이 달려 있습니다. 무사히 비행을 마쳤기 때문에 탐사 로버가 들어 있는 에어로셸과 작별을 합니다. 에어로셸은 화성으로 가는 동안 탐사 로버를 보호하는 캡슐입니다. 아폴로 사령선과 닮은꼴인 에어로셸은 탐사 로버를 감싼 운반 캡슐Backshell, 하강 시 속도를 줄여주는 낙하산과 스카이크레인Descent Stage, 탐사 로버Rover, 하강 시 발생하는 열을 막아주는 방열판Heat Shield으로 구성되어 있습니다.

곧이어 공포의 7분이 시작됩니다. 화성 대기권에 진입할 때 시간당 1만 9,300킬로미터의 속도를 7분 만에 0으로 낮추어야 합니다. 그런데 문제가 있습니다. 고속 열차의 100배가 넘는 속도로 대기에 진입하고, 섭씨 1,300도의 고온이 발생합니다. 화성 대기 진입부터 착륙까지 소요되는 시간은 7분입니다. 문제는 화성과 지구 간 통신이 7분보다 많이 걸리기 때문에 착륙 과정에 문제가 생겨도 지구의 엔지니어들이 손쓸 수 없는 상황입니다. 이 공포의 7분 동안 탐사 로버는 스스로 운명을 결정하는 셈입니다. 대기 진입 후 4분간 하강하면 에어로셸에서 지름 21.5미터의 초대형 낙하산이 펼쳐집니다.

2021년 2월 화성에 착륙한 퍼서비어런스 로버는 새로운 방식인 레인지 트리거Range Trigger 기술이 접목되었습니다. 기존 낙하산은 일정 속도에 이르면 자동으로 펴졌지만 퍼서비어런스는 에어로셸과 착륙 지점의 거리를 계산해서 가장 이상적인 순간에 낙하산을 펼칩니다. 지금까지 화성 탐사선의 착륙 성공률은 40퍼센트밖에 되지 않습니다. 성공률이 낮은 이유는 낙하산 단계에서 발생하는 문제 때문입니다. 낙하산이 펼쳐질 때 뒤집혀서 찢어지는 경우가 많았습니다.

NASA는 퍼서비어런스 탐사선 발사 단계부터 낙하산 테스트에 심혈을 기울였습니다. 하나뿐인 낙하산이 찢어지면 미션은 보나마나 실패니까요. NASA 에임스연구센터에 세계에서 가장 큰 풍동 실험실을 만들어 수천 번의 테스트를 진행했습니다. 낙하산이 성공적으로 펼쳐지면 에어로셸의 하강 속도는 점점 낮아지고 착륙 단계에 돌입합니다. 고도 8킬로미터 상공에서 에어로셸 하단부에 있는 열 차폐막을 분리시킵니다. 퍼서비어런스 탐사선은 열 차폐막이 분리되면 레이더 시스템이 작동해 화성 표면에 전파를 발생시켜 탐사선의 고도와 속도를 측정해 착륙 지점을 선정합니다.

퍼서비어런스에는 또 다른 비밀 장치가 숨겨져 있습니다. 바로 지형 비교 내비게이션입니다. 착륙 과정에 쓰이는 5대의 고해상도 카메라가 퍼서비어런스에 달려 있습니다. 카메라는 착륙지 근처 지형을 촬영하고 목표 착륙지와 비교해 가장 근접한 지점을 찾아줍니다. 만약 문제가 생기면 안전한 지형으로 착륙을 유도합니다. 내비게이션 시스템으로 위치를 정하면 착륙 1분을 남겨두고 낙하산과 탐사 로버를 덮고 있던 운반 캡슐이 분리되고, 스카이크레인에 달린 8개의 로켓엔진을 점화해 하강 속도를 시속 2.7킬로미터로 낮춥니다.

이제 가장 중요한 터치다운이 남았습니다. 20미터 상공에서 스카이크레인의 케이블에 매달려 느리게 하강합니다. 임무를 마친 스카이크레인은 마지막 추진을 통해 수백 미터 밖으로 날아가 추락합니다. 총 23대의 카메라가 달린 퍼서비어런스는 착륙 과정을 생생하게 기록했습니다. 착륙 순간 역추진로켓에 의해 뿌연 먼지가 일어나는 영상까지 촬영했습니다. 저는 먼지 영상이 무척 인상적이었습니다. 상상하던 모습을 실제로 보니 화성이 더 친근하게 느껴졌습니다. 숨 막히는 공포의 7분을 이겨낸 퍼서비어런스는 무사히 예제로Jezero 분화구 부근의 삼각주에 착륙했습니다. 착륙 후 첫 사진을 전송받은 NASA는 공식 트위터 계정에 "헬로, 월드Hello, World"라는 애교 섞인 글을 남겼습니다.

퍼서비어런스는 큐리오시티의 하드웨어를 그대로 사용했습니다. 9년째 화성에서 작동 중인 큐리오시티는 안전성에서 합격점을 받았기 때문입니다. 큐리오시티가 이전 탐사 로버보다 안정적으로 움직일 수 있는 것은 다중 임무 방사성 동위원소 열전기 발전기MMRTG 덕분입니다. 이전 탐사 로버에 사용한 태양광 전지는 효율성이 높지만 햇빛을 받지 못하거나 먼지 폭풍을 만나면 전력 수급에 치명적인 문제가 발생했습니다. 그래서 큐리오시티 로버부터 플루토늄-238이 자연 붕괴 될 때 발생하는 열에너지로 전력을 생산합니다.

외관에 큰 차이는 없지만 몇몇 실험 장비와 임무는

크게 달라졌습니다. 우선 착륙지를 예제로 분화구로 정한 배경부터 살펴보겠습니다. 화성 탐사 미션에서 가장 중요한 요소는 앞서 말씀드렸듯이 착륙지 선정입니다. 생명체의 흔적을 발견하기 적합한 곳을 찾는 일이 무엇보다 중요하기 때문입니다. 2017년 NASA가 주도한 모임에 참석한 전문가들은 토론을 거쳐 착륙 후보지 세 곳을 투표를 통해 꼽았습니다. 한국인 수학자 폴윤 교수도 투표자로 참여했고요. NASA는 많은 전문가와 과학적 선정 배경에 대해 논의를 이어갔고 착륙의 안정성에 관한 공학적 측면을 검토한 뒤, 예제로 분화구로 최종 결정했습니다.

당시 NASA와 유럽우주국 과학자들이 서호주 필바라를 찾았습니다. 이 지역의 셔강에 위치한 삼각주 지형에서 일주일간 탐사를 진행했습니다. 탐사에 참여했던 NASA 과학자인 켄 팔리Ken Farley 박사는 지구상에서 가장 오래된 생명체 화석인 스트로마톨라이트를 이해할 수 있다면 화성에서 생명의 흔적을 찾을 때 큰 도움이 될 것이라고 말했습니다.

예제로 분화구는 30~40억 년 전 강물이 흘러들던 삼각주로 추정되어 유기 분자와 기타 미생물 흔적을 발견할 수 있을 것으로 기대되는 곳입니다. 과학자들은 삼각주 지형이 만들어지려면 최소 100만 년에서 1,000만 년 정

창문을 열면, 우주

도 물이 흘러야 한다고 분석합니다. 오랜 시간 물이 흘러 퇴적물이 쌓였다면 화성에 존재했을지 모를 고대 생명체의 흔적을 찾기 좋은 장소입니다.

퍼서비어런스가 예제로 분화구를 돌아다니면서 가장 많이 사용할 장비는 슈퍼캠SuperCam, 셜록SHERLOC, 샘SAM입니다. 주로 지표면에 있는 암석과 토양을 분석하는 기기입니다. 로버의 머리에 장착된 슈퍼캠은 암석에 레이저를 발사해 이를 기화시켜 화학 성분을 분석할 수 있습니다. 셜록은 자외선 레이저를 쏘아 유기물 및 광물을 스캔하며, 그 조성을 파악할 수 있습니다. 마지막으로 화성 표본 분석 장치인 샘은 유기 분자와 유기 기체를 찾는 데 사용됩니다. 이러한 실험 장비를 통해 우리는 화성 지표면 구성에 대해 깊게 이해할 수 있을 겁니다.

샘을 개발한 MIT 지질학자 로저 서면 교수와 서호주를 함께 탐험한 적이 있습니다. 말수는 적었지만 생명체 기원을 연구하는 과학자들의 조사 방법과 분석 기법을 고스란히 로버의 실험 장비에 탑재하려는 열정이 느껴졌습니다. 샘보다 그를 화성에 보내는 것이 더 좋겠다는 즐거운 상상도 했습니다.

퍼서비어런스에 새롭게 탑재된 것도 있습니다. 가장 기대가 되는 산소 발생 장치 목시MOXIE입니다. 목시는 화성 대기의 96퍼센트를 차지하는 이산화탄소에서 산소를 만들어냅니다. 화성 유인 탐사를 대비해 만든 장비로, 실험의 성공 여부에 많은 과학자들이 주목했습니다.

2021년 4월 20일, 이 역사적인 실험이 성공을 거두었습니다. 화성 대기 중의 이산화탄소에서 한 시간 동안 5.4그램의 산소를 만들었습니다. 한 명의 우주 비행사가 10분간 호흡할 수 있는 산소량입니다. 현재 목시는 시간당 최대 10그램의 산소를 만들 수 있습니다. 산소는 호흡뿐만 아니라 로켓연료를 제조할 때 산화제로 쓰입니다. 앞으로 목시의 산소 생산량이 늘어난다면 화성 유인 탐사에 전환점이 될 겁니다.

목시와 더불어 관심을 받은 것은 화성 무인 헬기 인제뉴어티Ingenuity입니다. 인류는 지금까지 지구가 아닌 다른 천체에서 비행한 적이 없습니다. 화성의 대기 밀도는 지구의 1퍼센트 수준이어서 비행체가 날기 위해서는 더 많은 동력이 필요합니다. NASA는 화성의 희박한 대기 조건을 극복하기 위해 가벼운 몸체와 빠르게 회전하는 프로펠러가 달린 헬기를 개발했습니다.

인제뉴어티는 탄소섬유로 만들어진 프로펠러를 음속에 가까운 속도로, 1분당 최대 2,537번 회전시킵니다. 이를 통해 공중으로 몸체를 띄우는 양력을 만들었고 마침내 2021년 4월 20일 화성 표면에서 3미터 높이로 상승해 30초 동안 안정적으로 비행했습니다. NASA는 인제 뉴어티가 비행에 성공한 장소를 '라이트 형제 필드Wright Brothers Field'라고 이름 붙였습니다. 누군가는 그저 작은 성공으로 보겠지만, 1903년 라이트 형제가 12초간 동력 비행에 성공한 지 118년 만에 지구가 아닌 다른 행성에서 비행에 성공한 일은 항공 우주 역사에 남을 기념비적인 일입니다.

이를 바탕으로 비행체를 이용한 외계 행성 탐사의 가능성이 한 단계 올라갔습니다. 비행에 성공하자 인제뉴어티 프로젝트 담당자 미미 아웅Mimi Aung 박사는 실패할 경우를 대비해 만든 연설문을 찢어버리며 환호했고 눈물을 흘렸습니다.

탐사 로버 한 대가 화성으로 가려면 많은 사람들의 집념과 열정이 필요합니다. 이들의 노력은 숭고합니다. 로버와 실험 장비가 성공적으로 작동하면 잠시 대중의 관심을 받지만, 실패한다면 누구도 박수를 보내지 않을 겁니다. 그럼에도 그들은 실패를 경험 삼아 한 걸음 더 나아가고 있습니다. 이 숭고함이 인류의 진보를 만들어내는 게 아닐까요. 착륙 전날, 퍼서비어런스 자율 주행 소프트웨어를 개발한 NASA 제트추진연구소의 오노 마사히로 박사님께 학생들에게 전하고 싶은 말이 있으시냐고 물었습니다. 그는 흔쾌히 대답했습니다.

"15년 전, 학생이었던 저는 우주를 향한 꿈을 추구하기 위해 미국에 왔습니다. 제 꿈은 저의 알고리즘을 우주로 보내는 것이었습니다. 이 꿈을 실현하는 데 15년이 걸렸습니다. 꿈을 향해 가는 길은 고속도로가 아니었습니다. 많이 노력했지만, 포기하고 싶었습니다. 무려 15년 동안 내내 그랬습니다. 하지만 기다릴 가치가 있습니다. 내일, 퍼서비어런스 탐사선이 화성에 착륙합니다! 그래, 내 꿈이 실현되고 있어!"

보이지 않는 곳에서 묵묵히 걷고 있는 모두를 위해 들국화의 〈행진〉을 띄워 보내고 싶습니다. 여러분, 우주로 행진합시다!

창문을 열면, 우주

멈춘 상태로도 끝까지
주변을 탐사한 스피릿 로버.

화성에서 온
부고장

1990년 2월 14일, 보이저Voyager 1호가 최초로 태양계 행성 전부를 '가족사진'이라는 이름으로 촬영했습니다. 그리고 이를 본 천문학자 칼 세이건은 '삶을 영위했던 모든 인류가 우리의 고향, 저 점에서 살았다'고 하며 감상을 남겼습니다. 태양계 언저리에서 희미한 사진을 보낸 보이저 1호는 칼 세이건에게 단순한 기계장치가 아니었을 겁니다. 인류를 대신해 미지의 세계로 항해하는 동료이자 생명체로 여겨지지 않았을까요? 그렇지 않았다면 이토록 문학적인 표현이 나오지 않았을 테니까요.

아직까지 우주에서는 인간보다 탐사선들의 활약이 더 큽니다. 탐사선이 보낸 흐릿한 사진들은 더 먼 우주의 모습을 보여주었고 지구를 다시금 바라보게 했습니다. 화성에 대한 우리의 인식도 마찬가지입니다. 화성 탐사 로버, 그들이 없었다면 우리는 아직도 화성을 신화적 존재로 바라보았을 겁니다.

오늘은 인류에게 화성의 새로운 비밀을 알려주고 생을 마감한 한 탐사 로버의 부고를 전해드릴까 합니다. 2003년 여름, NASA는 한 달 간격으로 2대의 화성 탐사선을 발사했습니다. 일명 쌍둥이 탐사선으로 불리는 스피릿Spirit과 오퍼튜니티Opportunity는 3주 간격으로 화성에 도착했습니다. 비슷한 시기에 2대의 화성 탐사선을 보낼 수 있었던 것은 이전 미션의 성공 때문입니다.

1997년 패스파인더Pathfinder 착륙선에 실려 간 초소형 탐사 로버인 소저너Sojourner는 바퀴 달린 로버의 강점을 여지없이 보여주었습니다. 길이 65센티미터의 작은 크기지만 6개의 바퀴로 3개월 동안 총 100미터가 넘는 거리를 이동하며 화성의 암석들을 조사했습니다. 소저너의 활약상을 경험한 NASA는 더 먼 거리를 이동하며 탐사를 수행할 로버 개발에 착수했고 그 결과로 쌍둥이 탐사 로버가 탄생했습니다.

먼저 발사된 스피릿은 화성의 적도 부근에 위치한 구세프Gusev 분화구 근처에 착륙했습니다. 이곳은 지름 166킬로미터의 거대 분화구로, 과거에 호수였다고 추정되기 때문에 생명체의 증거를 찾을 유력한 후보지로 여겼습니다. 목적지로 가는 길은 험난했습니다. 당시 화성 전체를 강타한 먼지 폭풍 때문에 햇빛이 차단되어 전기 생산에 문제가 생겼습니다. NASA는 스피릿의 전력을 충전 상태로 유지하기 위해 동면 모드로 전환하고 기다리기로 했습니다. 다행히 바람이 태양전지 판의 먼지를 씻어내 겨우 정상으로 돌아왔습니다.

구사일생으로 살아난 스피릿은 다시 길을 떠났습니다. 하지만 더 큰 시련을 마주하게 됩니다. 2009년 5월, 최대의 위기에 직면했습니다. 오른쪽 앞바퀴가 고장 나 회전을 멈추었고 모래 구덩이에 빠졌습니다. 제트추진연구소 과학자들은 이동을 멈추고 연구소에 있는 복제품 로버를 가지고 탈출 방법을 찾기 시작했습니다. 우선 바퀴 5개를 이용해 운전을 시도했지만 전진하지 못했습니다. 오히려 고장 난 앞바퀴를 끌면서 뒤로 이동하는 편이 나았습니다. 후진하는 방법도 고려했지만 계획된 경로에서 이탈하면 목적지까지 가는 일이 불투명해집니다.

끝내 탈출 방법을 찾지 못했고 스피릿은 멈춘 상태

로 주변을 탐사했습니다. 가족 같은 탐사 로버를 구출하지 못한 과학자들도 답답했습니다. 1년 이상 정지 상태로 있던 스피릿은 햇빛을 받지 못해 전력 공급이 중단되었고, 2010년 지구와 마지막 교신을 한 뒤 작동을 멈췄습니다. 하지만 스피릿은 절반은 성공했다고 평가받습니다. 지구 시간으로 90일간 활동할 계획이었지만 5년 이상 작동했기 때문입니다. 게다가 쌍둥이 로버인 오퍼튜니티가 정상적으로 작동했기 때문에 스피릿의 탐사 활동을 이어갈 수 있었습니다.

스피릿과 정반대 쪽에 위치한 메리디아니Meridiani 평원에 착륙한 오퍼튜니티도 본격적인 탐사 준비를 시작했습니다. 목표로 했던 착륙지에서 25킬로미터 떨어진 지점에 도착했지만 오퍼튜니티가 보낸 사진을 본 과학자들은 환호했습니다. 사진 속 풍경은 퇴적층이 그대로 노출된 지형이었습니다.

쌍둥이 탐사 로버의 가장 큰 미션은 화성에서 물의 흔적을 찾는 겁니다. 퇴적층은 물로 운반된 침전물이 오랜 시간 쌓이는 과정에서 만들어지기 때문에 퇴적층의 발견은 물의 흔적을 추적할 중요한 단서가 됩니다. 퇴적층 부근을 탐사하던 오퍼튜니티는 초반부터 놀라운 성과를 냈습니다. 암석 표면에서 물결무늬 흔적을 발견합니다.

과학자들은 이것을 보고 물로 운반된 물질이 쌓여서 생긴 흔적이라고 판단했습니다. 지구에도 비슷한 암석이 많기 때문에 신뢰성은 높았습니다. 이를 통해 화성에도 과거에는 물이 존재했고 생명체가 살 수 있는 환경이었다는 가설을 입증할 수 있었습니다. 그 뒤로 오퍼튜니티는 빅토리아Victoria 분화구와 인데버Endeavor 분화구를 탐사해 물이 있던 흔적을 추가로 발견했습니다.

오퍼튜니티 역시 스피릿과 마찬가지로 고질적인 먼지 폭풍에 시달렸습니다. 스피릿이 멈춘 비슷한 시기에 닥친 폭풍은 오퍼튜니티의 발목도 붙잡았습니다. 하지만 오퍼튜니티의 생명력은 강했습니다. 무려 15년간 45킬로미터 거리를 움직이며 달 탐사 로버를 포함한 모든 탐사 로버 중에서 가장 멀리 이동한 기록을 세웠습니다. 마라톤 풀코스보다 더 긴 거리를 움직인 겁니다.

결과적으로 오퍼튜니티는 100개가 넘는 분화구를 탐사했고 21만 7,000장의 사진을 지구로 보냈습니다. 하지만 2018년 여름에 발생한 역대 최대 규모의 먼지 폭풍은 오퍼튜니티도 극복하지 못했습니다. 모든 활동을 멈추고 동면에 들어갔지만 끝내 지구와 교신에 실패했고 NASA는 2019년 2월 13일, 공식적으로 오퍼튜니티의 임무 종료를 선언했습니다.

토머스 저부헨Thomas Zurbuchen NASA 부국장은 감사의 마음을 담아 오퍼튜니티 임무가 완수되었음을 선언한다고 말했습니다. 당시 여론도 애도의 분위기가 넘쳤습니다. 한편에서는 오퍼튜니티를 반드시 살리자는 목소리도 강했습니다. 저도 그랬습니다. 큐리오시티 로버가 오퍼튜니티를 찾아가서 전력을 공급해주면 어떨까 하는 상상도 해봤습니다. 그간 숱한 먼지 폭풍을 이겨냈기 때문에 또 한 번 살아날지 모른다는 희망을 가졌지만 더 이상의 기적은 없었습니다.

쌍둥이 탐사 로버는 과학자와 대중 모두에게 깊은 감동을 주었습니다. 사람들은 소셜 미디어를 통해 수많은 애도의 글을 남겼습니다. 우즈베키스탄의 작가 로스티슬라브 셰코브초프Rostislav Shekhovtsov는 오퍼튜니티의 피날레를 기리며 SNS에 메시지를 적기도 했습니다. 미래에 두 명의 우주 비행사가 먼지로 뒤덮인 오퍼튜니티를 찾은 그림에 "집에 갈 시간이야, 오퍼튜니티"라는 글을 더했습니다. 그림 속 우주 비행사는 오퍼튜니티의 머리에 달린 카메라를 쓰다듬고 있습니다. 이런 상상을 해봅니다. 먼 훗날 인류가 화성에 도착해 오퍼튜니티와 스피릿을 만난다면 화성에 과학관을 만들어 중앙 홀에 전시하고 기념비를 세우면 어떨까요? 쌍둥이 탐사 로버만큼 화성 개척사를 잘 말해주는 존재는 없을 겁니다.

지구에서 약 16억 킬로미터 떨어진 토성에서도 비슷한 일이 있었습니다. 1997년 인류가 보낸 첫 번째 토성 탐사선인 카시니 하위헌스Cassini-Huygens호가 그 주인공입니다. 태양계에서 가장 매력적인 행성을 꼽는다면 바로 토성일 겁니다. 큰 고리가 있고 자기장이 존재합니다. 무엇보다도 토성 주위를 80개가 넘는 위성이 공전하고 있습니다. 이 아름다운 행성은 1610년 갈릴레오 갈릴레이가 망원경으로 고리를 처음 관측한 이래 꾸준히 천문학자들의 이목을 끌고 있습니다.

천문학자들은 행성 탐사선의 이름을 지을 때 최초로 그 행성을 연구한 학자의 이름을 붙이는 경우가 많습니다. 토성 탐사선의 이름을 갈릴레오로 짓지 않은 것은 천문학자 크리스티안 하위헌스Christiaan Huygens와 조반니 카시니Giovanni Domenico Cassini 때문입니다. 하위헌스와 카시니는 망원경 기술 발전의 최대 수혜자입니다. 네덜란드 천문학자인 하위헌스는 갈릴레오보다 성능이 좋은 망원경으로 토성을 관측해 가늘고 납작한 고리를 구분했고, 토성의 가장 큰 위성인 타이탄을 발견했습니다.

그리고 본격적으로 토성 고리의 구조를 자세히 밝혀낸 이는 이탈리아 천문학자 카시니였습니다. 1673년 카시니는 토성의 A 고리와 B 고리 사이에 틈이 있는 걸 밝혀내 카시니 간극이라고 이름을 붙였습니다. 이로써 토성 연구의 대명사는 카시니와 하위헌스가 되었고, 그들의 이름을 붙인 최초의 토성 탐사선인 카시니 하위헌스호가 만들어졌습니다.

카시니 하위헌스호는 토성 궤도선인 카시니호와 타이탄 탐사선 하위헌스호로 구성되었습니다. 유럽 출신 천문학자들의 이름을 계승한 만큼 NASA는 유럽의 16개 국가와 연합체를 만들어 탐사선을 만들었습니다. 7년간의 비행 끝에 토성에 근접한 탐사선은 궤도에 진입하기 위한 마지막 관문을 남겨두고 있었습니다. 즉, 고리라는 장애물을 통과해야 했습니다. 보이저호가 토성에 간 적은 있지만 스쳐 지나가는 수준이었습니다. 장기간 탐사를 위해서는 토성의 중력을 이용해 궤도로 들어가는 방법밖에 없었습니다.

토성에 가까워질수록 중력 때문에 탐사선의 속도는 더 빨라졌습니다. 이제 과학자들은 탐사선이 소행성과 얼음 파편을 피해 무사히 궤도에 들어가기를 기도할 뿐입니다. 탐사선이 고리의 입자와 충돌하는 순간 7년간의 여정이 한순간에 물거품으로 돌아갈 테니까요.

위기를 넘기고 토성 궤도에 도착한 카시니호가 보낸

창문을 열면, 우주

이미지는 아름다웠습니다. 지구에서 본 토성의 고리가 원형의 띠였다면 직접 관측하자 축음기에 올린 레코드판의 홈처럼 고리들이 겹쳐 있었습니다. 그리고 촘촘한 고리 위로 수십 개의 위성이 공전하는 모습이 포착되었습니다.

천문학자들은 각각의 고리가 마치 서로 다른 해변 같다고 표현했습니다. 입자의 형태와 구성이 너무나도 달랐습니다. 카시니호의 활약으로 과학자들은 토성이 작은 태양계라고 생각했습니다. 토성은 태양이고 위성은 행성이 되는 겁니다. 토성을 중심으로 회전하는 위성들의 모습은 초기 태양계와 유사했습니다. 토성과 위성들의 관계가 밝혀진다면 태양계 형성 과정을 좀 더 깊이 이해할 수 있게 될 것입니다.

카시니호의 가장 큰 발견은 얼음 위성 엔셀라두스 Enceladus입니다. 토성을 타원형으로 공전하는 엔셀라두스는 거리 차에 따른 토성의 중력 때문에 내부의 얼음이 녹으면서 표면 틈으로 물과 얼음 결정을 뿜어내고 있었습니다. 엔셀라두스가 토성에 가까이 접근하면 중력의 영향이 커지고 멀어지면 작아집니다. 거리에 따른 중력의 변화로 내부 깊숙한 곳에서 엄청난 마찰이 일어나 열을 발생시켜 지하의 얼음이 녹기 때문입니다. 태양계 탐사 역사에서 가장 인상적인 장면입니다. 화성이 아닌 다른 천체에서 생명체의 존재 가능성을 본 순간이었습니다. 최근 연구에 따르면 엔셀라두스는 타이탄Titan이나 목성의 유로파Europa, 화성보다 생명체가 존재하기에 더 유리한 조건을 갖췄습니다.

이제 타이탄 탐사선인 하위헌스호의 활약을 살펴보겠습니다. 하위헌스호는 유럽우주국의 신호에 맞추어 2005년 카시니호와 분리되어 타이탄에 착륙했습니다. 수성이나 명왕성보다 큰 타이탄에는 지구처럼 단단한 땅과 대기가 있습니다. 만약 타이탄이 토성의 궤도에 있지 않았다면 하나의 행성이라고 여겼을 겁니다. 짙은 대기를 뚫고 표면에 도달한 하위헌스호는 지구와 너무도 닮은 타이탄의 풍경을 찍었습니다. 표면이 둥근 암석은 물이 흘렀던 흔적을 암시했습니다.

하위헌스호는 배터리 방전으로 수명을 다했지만 카시니호의 시선을 타이탄으로 이끌었습니다. 카시니호는 관측을 통해 타이탄의 대기 구성이 원시 지구와 유사하다는 점을 밝혔습니다. 또한 메탄이 지구에서 물이 순환하는 것과 동일한 패턴으로 작용한다는 것을 알아냈습니다. 20년간 22번이나 토성을 돌며 탐사한 카시니호는 2017년 장렬한 최후를 맞이합니다. 연료 부족으로 통제가 불가능해진 겁니다.

창문을 열면, 우주

NASA는 카시니호를 토성 대기권에 진입시켜 산화시키는 '그랜드 피날레'를 마지막 미션으로 정했습니다. 만약 카시니호가 두 위성에 대한 새로운 사실을 밝히지 못했다면 이러한 결정을 내리지 않았을 겁니다. 혹시 엔셀라두스나 타이탄에 살고 있을지 모르는 생명체를 보호하기 위해서입니다. 토성을 보는 또 다른 눈이 되어주었던 카시니호는 토성 대기권으로 진입해 아름다운 최후를 맞이합니다.

인류는 화성과 토성, 두 행성에서 최후를 맞이한 탐사선들에 큰 빚을 졌습니다. 우리는 탐사선을 통해 믿기 힘들 정도로 많은 이야기를 알게 되었습니다. 모든 물질은 원자로 이루어져 있습니다. 탐사선의 수명은 다했지만 또 다른 원자가 되어서 여전히 우리 주변을 맴돌 겁니다. 태양계에서 편히 잠들기를 바라는 마음에서 성시경이 부른 〈태양계〉를 들려주고 싶습니다.

"2020년, 그 어느 해보다
화성으로 가는 길이
붐볐습니다."

새로운
도전자들

달과 마찬가지로 화성 탐사도 소련과 미국의 경쟁으로 시작되었습니다. 달 탐사 경쟁이 한창이던 1960년대 초반, 태양계 탐사도 주목받는 대상이었습니다. 중형 로켓에 무인 탐사선을 실어 우주로 보내면 적은 비용으로 더 많은 정보를 얻을 수 있다고 생각했습니다. 1990년대 중반까지만 해도 두 나라가 대등한 경쟁 구도를 유지했지만 승리의 여신은 이번에도 미국의 손을 들었습니다.

1975년 7월, 미국은 인류 최초로 화성에 바이킹Viking 탐사선을 착륙시켰고 1997년 7월에는 바퀴 달린 탐사 로

버 소저너가 화성 표면을 활보하며 기나긴 경쟁에 마침
표를 찍었습니다. 미국의 성공은 많은 후발 주자에 자극
이 되었습니다. 일본도 1998년 자국 최초의 행성 탐사선
노조미를 화성으로 발사했지만 연료 부족으로 실패했습
니다. 그 뒤로 몇몇 국가가 화성 궤도에 탐사 위성을 성공
적으로 보냈지만 지난 50년간 화성 표면에 착륙선과 탐
사 로버를 안착시킨 것은 미국이 유일했습니다. 적어도
2021년 5월 중국의 화성 탐사선 톈원Tianwen 1호가 착륙
에 성공하기 전까지만 해도 말입니다.

2020년 여름으로 가보겠습니다. 지구와 화성의 거리
는 26개월을 주기로 가까워집니다. 이 시기가 다가오자
화성 탐사를 준비하는 나라들이 분주해졌습니다. 미국은
이미 오래전부터 준비한 퍼서비어런스 탐사선을 보내기
로 결정했고, 유럽우주국과 러시아우주국도 공동으로 개
발한 엑소마스 탐사선에 탑재된 로절린드 프랭클린 로버
를 화성으로 보낼 예정이었습니다.

하지만 코로나19는 우주개발에도 큰 영향을 미쳤습
니다. 특히 코로나19가 확산되던 2020년 초반, 유럽의 상
황이 악화되면서 연구소가 폐쇄되고 탐사선 조립이 지연
되어 발사 연기가 불가피했습니다. 결국 엑소마스 탐사선
은 2년 뒤를 기약하기로 결정했습니다. 미국의 상황도 좋

지 않았습니다. 발사 2~3개월 전까지 연기를 논의했지만 재택 업무, 현장 업무, 현장 불가능 업무로 구분하는 등 위기 대응을 했고 예정대로 발사하기로 합니다. 언론은 이번 여름도 화성 탐사는 미국의 독무대라고 생각했습니다.

그런데 복병들이 등장했습니다. 바로 중국과 아랍에 미리트UAE입니다. 사실 중국의 등장은 이미 예견되었습니다. 2019년 1월, 인류 최초로 달 뒷면에 착륙선과 탐사선을 보내 우주 강국의 이미지를 세계에 각인시켰지요. 하지만 UAE의 화성 탐사선 발사 계획은 깜짝 등장이었습니다. 중동의 부유한 산유국으로만 알려진 UAE가 화성에 탐사선을 보낸다는 소식은 큰 화제가 되었습니다.

중국과 UAE의 등장으로 2020년 여름은 그 어느 해보다 화성으로 가는 길이 붐볐습니다. 이들이 화성 탐사에 관심을 보인 이유는 무엇일까요? 특히 UAE는 우주탐사와 거리가 먼 나라였습니다. 2014년에 최고 통치자가 UAE 우주청을 만들고 화성에 탐사선을 보낼 계획이라고 말했을 때, 일각에서는 정치적 발언이라고 생각했습니다. 하지만 그 뒤 6년 만에 UAE는 화성 탐사선 발사를 위한 모든 준비를 마쳤습니다.

더욱 놀라운 점은 달이 아니라 화성에 주목했다는 겁니다. 우주탐사는 단계적 발전이 필요합니다. 지구궤도에 인공위성을 띄우고 달에 탐사선을 보낸 다음 축적된 기술을 바탕으로 화성에 도전하는 것이 일반적인 과정입니다. 물론 UAE는 부유한 나라이기 때문에 예산 걱정은 없습니다. 하지만 우주개발은 단순히 예산을 확보했다고 해서 단기간에 성공할 수 없는 분야입니다. 도대체 무슨 일이 있었던 걸까요?

가장 큰 힘은 무하마드 빈 라시드 알막툼Muhammad bin Rashid al-Maktoum 두바이 최고 통치자의 리더십에 있었습니다. 역사적으로 중동은 오랜 시간 영국의 통치를 받았습니다. 우연히 석유와 같은 지하자원이 발굴되면서 부유한 국가가 되었고, 석유 자원 수출과 관광산업을 축으로 경제활동을 이어왔습니다. 2019년 기준으로 UAE의 석유 매장량은 세계 6위에 이릅니다. 앞으로도 부의 원천이 되겠지만 화석연료이기 때문에 언젠가는 바닥을 드러낼 수밖에 없습니다. 석유 시대의 종말을 예견한 UAE는 포스트 오일 시대를 대비해 새로운 성장 동력이 필요했고 우주개발에 주목했습니다.

우주개발은 여러 분야의 우수한 인재가 필요합니다. 뛰어난 이들이 UAE에 모여든다면 지식 기반 산업을 발전시키는 촉매 역할을 할 것이라고 판단했지요. 그런데 놀라운 사실이 있습니다. UAE 정부에서 화성 탐사 프로젝

창문을 열면, 우주

트를 총괄한 옴란 샤라프Omran Sharaf 박사는 한국과 인연이 깊습니다. UAE는 2006년 무하마드 빈 라시드 우주센터를 설립하고 본격적인 우주탐사 준비를 시작했습니다. 특출한 노하우나 전문가가 없었기에 교과서처럼 인공위성 개발을 시작합니다. 우주 선진국들과 만나 기술이전을 검토한 끝에 한국을 파트너로 선택했습니다.

많은 우주 강국 가운데 한국을 택한 것은 자신들과 비슷한 길을 걸어왔다고 생각했기 때문입니다. 우리나라도 영국에서 인공위성 제작을 배웠고 기술 자립에 성공했기에 최고의 파트너라고 판단한 것입니다. 당시 위성 기술을 배워온 학생들은 카이스트 인공위성센터에서 연구하며 우리나라 최초의 인공위성 우리별 3호를 만들어 우주로 보냈습니다. 그 영광의 주역들이 1991년 국내 1세대 인공위성 기업인 쎄트렉아이를 설립해 이제는 위성을 제작, 수출하는 중견 기업으로 성장했습니다.

이렇게 인공위성으로 한국과 인연을 맺은 옴란 샤라프 박사는 쎄트렉아이에서 위성 기술을 배웠고 2009년, 쎄트렉아이와 함께 첫 번째 위성인 두바이샛DubaiSat 1호를 개발해 발사했습니다. UAE가 화성 탐사 프로젝트를 시작할 무렵에도 쎄트렉아이가 UAE에 미국 콜로라도대학 연구팀을 소개했고 화성 탐사선을 만드는 데 중요한 역할을 했습니다. 당시 한국으로 함께 온 동료들은 모두 UAE의 우주개발을 이끄는 주역으로 성장했습니다. 옴란 샤라프 박사는 한 인터뷰에서 한국을 롤 모델이라고 하며 이 인연을 소중하게 여긴다고 말하기도 했습니다.

저는 한때 과학기자로 일했습니다. 취재를 위해 카이스트에 가면 아시아, 중동, 아프리카 등 개발도상국에서 온 유학생이 많았습니다. 그들의 목표는 비슷했을 겁니다. 한국에서 우수한 교육을 받고 모국에 돌아가 창조적인 일을 하고 싶었을 테지요. 역사적으로 보면 우리에게도 비슷한 시절이 있었습니다. 한국전쟁이 끝나고 본격적인 산업화가 시작되자 과학기술 인력이 필요했습니다. 당시 많은 학생들이 미국과 유럽으로 유학을 떠나 새로운 지식을 배웠고 한국으로 돌아와 우리나라를 기술 강국으로 만드는 데 큰 기여를 했습니다.

그렇게 2020년 7월 UAE는 미국, 러시아, 유럽연합, 인도에 이어 다섯 번째로 화성 탐사선 아말Amal을 발사했습니다. 그리고 UAE 건국 50주년이 되는 해인 2021년 2월 9일, 화성 궤도에 도착하는 쾌거를 이뤘습니다. 아말은 55시간마다 한 번씩 궤도를 돌며 화성 기후 지도를 만들 예정입니다. '아말'은 '희망'이란 뜻입니다. 화성 탐사는 UAE뿐만 아니라 중동의 젊은이들에게 희망의 메시지가 되었습니다. 화성 탐사 프로젝트 이후 과학 분야에 대한 학생들의 관심이 높아졌다고 합니다. 화성 탐사선 아말이 그들에게 준 희망이란 바로 이런 것이 아닐까요?

아말보다 사흘 늦게 발사된 중국의 톈원 1호는 아말이 화성에 도착한 다음 날인 2월 10일에 궤도에 진입했습니다. 중국은 발사 직전까지 톈원 1호에 대한 정보를 많이 공개하지 않았습니다. 그럼에도 세계가 톈원 1호에 관심을 보인 이유는 궤도선, 착륙선, 탐사 로버를 모두 보냈기 때문입니다. 우주 최강국인 미국조차 단계를 거쳐 탐사선을 보냈습니다. 그런데 한 번에 세 가지 임무를 동시에 운영한다고 해서 큰 관심을 받았습니다.

사실 중국의 화성 탐사 도전은 처음이 아닙니다. 2011년 잉휘 1호가 러시아에서 포보스 그룬트Phobos-Grunt 탐사선과 같은 로켓을 타고 발사되었지만 지구궤도를 벗어나지 못하고 실패한 적이 있습니다. 중국은 그 이후에도 꾸준히 우주탐사의 문을 두드렸습니다. 2003년 자국 최초의 유인우주선 선저우Shenzhou 5호를 쏘아 올린 이래 꾸준히 위성 발사를 이어갔습니다. 결정적으로 중국은 2019년 1월에 창어Change 4호를 인류 최초로 달 뒷면에 착륙시키는 데 성공했습니다.

아폴로계획을 통해 여섯 번이나 달에 간 미국도 뒷

면에 착륙한 적은 없습니다. 달 뒷면은 지구와 통신이 불가능합니다. 중국은 창어 4호가 지구와 원활히 통신할 수 있도록 췌차오Queqiao 위성을 발사해 달 뒷면에서 생기는 문제를 해결했습니다. 1년 뒤 창어 5호는 달 표면을 드릴로 뚫어 오염되지 않은 달 토양과 암석 표본을 수집했고 지구로 귀환했습니다. 당시 이례적으로 NASA 짐 브라이든스틴Jim Bridenstine 전 국장은 창어 4호의 달 뒷면 착륙은 매우 인상적인 업적이라고 축하했습니다.

달 탐사에서 축적된 경험이 중국의 화성 탐사 도전에 강한 자신감을 갖게 했습니다. 중국의 달 탐사를 아는 사람이면 톈원 1호가 무사히 화성 궤도에 진입할 거라고 생각할 겁니다. 다만 달보다 비교도 안 될 만큼 멀리 떨어진 화성에 착륙선과 탐사 로버를 안착시킬 수 있는지가 초미의 관심사였습니다. 중국의 탐사선은 궤도선, 착륙선, 로버로 구성되었습니다. 착륙선에 달린 역추진엔진으로 속도를 낮추고, 지면에 내리면 착륙선에서 로버가 나오는 형태입니다.

약 3개월간 화성 궤도에 머무른 뒤 최종 준비를 마친 톈원 1호에서 마침내 착륙선과 탐사 로버 주룽Kowloon이 분리되었습니다. 화성 대기에 진입하는 과정은 언제나 어렵습니다. 탐사 로버 주룽은 NASA에서 만든 오퍼튜니티

창문을 열면, 우주

로버와 비슷한 크기입니다. 열 차폐막의 보호를 받으며 대기로 진입한 주룽은 낙하산을 펼치고 착륙선의 역추진 로켓으로 속도를 낮춘 뒤 2021년 5월 15일, 미국에 이어 두 번째로 화성에 탐사 로버를 무사히 착륙시켰습니다.

지난 10년간 중국의 우주탐사는 비약적인 발전을 이루었습니다. 일각에서는 미국과 러시아를 의식한 중국의 우주굴기가 시작되었다고 이야기합니다. 우주를 향한 중국의 행보가 독자 노선을 걷는 것처럼 보이기 때문입니다. 우주는 마지막 미개척지라는 말이 나올 만큼 인류에게 커다란 기회의 공간입니다. 달리 말하면, 인류는 미개척지인 우주에 대해 아는 것이 많지 않습니다.

지식은 혼자만 알고 있다고 해서 가치가 커지지 않습니다. 공유하고 확산될 때 지식은 정보를 넘어 문화라는 가치가 됩니다. 천문학자 칼 세이건은 우리는 다른 세상을 통해 우리를 배운다고 말했습니다. 우주 분야에서 계속 새로운 도전자가 등장해야 우리도 다른 세상을 마주하고 배울 수 있을 겁니다. 화성 탐사에 도전하는 두 나라의 이야기를 나눈 오늘은 소녀시대의 데뷔곡 〈다시 만난 세계〉를 골라보았습니다. 어딘가에서 화성에 갈 준비를 하고 있을 반가운 이들에게 보내는 응원입니다.

4부.

오늘의
우주
소식.

팰컨9 로켓이
카고드래건을 싣고
국제우주정거장으로
향하는 모습.

스페이스X와
블루오리진

"우주개발에 민간 기업이 참여하는 건

　있을 수 없는 일입니다."

닐 암스트롱과 유진 서넌은 미국 의회에 나와 스페이스X
에 의존하는 NASA의 정책을 비판했습니다. 아폴로계획
의 처음과 마지막을 이끌었던 두 영웅은 상업적 우주 비
행을 반대한다고 말했습니다. 민간 기업의 참여는 우주개
발의 국가 주도권을 약화시킨다는 겁니다. 일론 머스크
보다 2년 먼저 블루오리진을 설립한 제프 베조스Jeff Bezos

의 행보도 상황은 비슷했습니다. 억만장자의 호기심을 채우는 장난감에 비유되었습니다. 두 우주인의 발언을 듣고 일론 머스크는 한 인터뷰에서 눈물을 흘렸습니다. 어린 시절 달 탐사를 보며 우주를 꿈꿨는데 그들이 반대하는 것이 슬프다고 말했습니다.

그간 우주개발은 정부가 이끌었습니다. 아니 정부밖에 할 수 없었습니다. 세금으로 꾸린 천문학적인 예산과 인력이 투입되었고 성과는 고스란히 국가의 업적으로 남았습니다. 20년 전만 해도 민간 기업이 자체적으로 우주개발에 참여하는 일은 불가능했습니다. 그렇지만 결국 모두가 불가능하다고 말한 우주개발에 스페이스X, 블루오리진, 버진갤럭틱 같은 민간 기업들이 뛰어들고 있습니다.

어떻게 이런 일이 가능해졌을까요? 아이러니하게도 이들 기업의 우주개발 참여는 아폴로 시대의 자연스러운 산물입니다. 아폴로계획은 인간이 더 먼 우주 공간으로 갈 수 있다는 가능성을 열었습니다. 인류는 우주를 거주지로서, 미개척지로서 바라보는 새로운 시각을 얻었습니다. 바야흐로 민간 기업 주도로 우주개발이 이뤄지는 '뉴스페이스' 시대가 시작된 겁니다.

뉴스페이스를 이야기할 때 일론 머스크와 제프 베조스는 빠지지 않고 등장합니다. 두 기업가는 소셜 미디어

창문을 열면, 우주

를 통해 서로에 대한 부정적인 메시지를 올렸고 대중은 두 사람의 행보를 흥미롭게 지켜보고 있습니다. 얼핏 우주를 놓고 경쟁하는 것 같은데, 그저 새로운 시장을 선점하기 위한 행동으로만 보이지는 않습니다. 장기 비전 없이는 성과를 내기 쉽지 않은 영역에 뛰어든 것은 비슷한 철학과 공감대가 있지 않고서는 어려운 일입니다.

1969년 7월 20일 두 명의 우주 비행사가 달에 도착하던 순간 한 아이는 TV에서 눈을 떼지 못했습니다. 이 다섯 살 꼬마는 이제 중년의 나이에 접어든 세계 최대 전자상거래 기업인 아마존 창업자 제프 베조스입니다. 인류 최초의 달 착륙 장면은 아이의 모든 것을 바꾸기에 충분했습니다. 그는 어렸지만 엄청난 일이 벌어졌음을 직감했습니다.

우주에 대한 막연한 호기심은 외할아버지의 영향으로 점점 커졌습니다. 그의 외할아버지는 미국 국방부 산하 연구소인 DARPA의 창립 멤버로, 우주에 관심이 많던 손자의 마음에 불을 지폈습니다. 십대의 대부분을 할아버지 농장에서 보내며 고장 난 풍차를 고치고 수도관을 설치하거나 축사를 돌보았습니다. 이때 우주에 대한 관심은 좀 더 뚜렷해졌습니다. 틈만 나면 〈스타트렉〉을 시청했고 도서관에 있는 SF소설을 모조리 읽었습니다.

고등학교 시절에는 '무중력상태가 집파리의 노화 속도에 미치는 영향'이라는 주제로 논문을 써서 NASA 마셜 우주비행센터에 방문하는 기회를 얻습니다. 이곳은 새턴V 로켓에 장착된 F-1 엔진을 만든 연구소입니다. F-1 엔진은 지금까지 설계된 로켓엔진 중 가장 크고 60회 이상 발사했지만 실패한 적이 한 번도 없는 완벽한 엔진입니다. 게다가 발사 후 2분 30초 만에 680톤의 연료를 안정적으로 소모한다는 점이 그의 마음을 사로잡았습니다.

누군가는 로켓을 우주선을 쏘아 올리면 바다로 버려지는 고철 덩어리로 보겠지만 제프 베조스의 눈에는 심오한 공학적 성과물로 비쳤습니다. 우주공학에 빠진 그는 프린스턴대학에서 물리학을 공부하며 우주에 한발 더 다가갔지만 양자역학을 접한 뒤 어려움을 느껴 컴퓨터공학으로 전공을 바꾸게 됩니다. 결과적으로 인터넷의 가능성을 예감한 그는 1995년 아마존을 창업해 막대한 부를 이룹니다.

단시간에 부를 얻은 그는 2000년, 우주에 대한 꿈을 구체화하기로 결심하고 아마존과 별도로 우주개발 기업인 블루오리진을 창업합니다. 초창기의 블루오리진은 베일에 감추어진 존재였습니다. 스페이스X의 빠른 행보에 비해 내세울 만한 성과도 없었습니다. 하지만 그 점이 블

창문을 열면, 우주

루오리진의 철학입니다. 느리더라도 완벽함을 추구했던 제프 베조스는 지속 가능한 우주여행을 실현하려면 로켓 발사체의 재사용이 가능해야 된다고 결론짓고 실험용 발사체 개발에 집중했습니다.

대부분 스페이스X가 먼저 재사용 가능한 발사체 실험에 성공한 것으로 알고 있지만 사실은 블루오리진이 한 달 먼저 로켓 재사용 실험에 성공했습니다. 그 뒤로 꾸준히 발사체 회수에 성공했지만, 스페이스X에 자신의 모든 걸 쏟아부은 일론 머스크는 블루오리진의 연이은 성공이 무색할 만큼 빠른 성장세를 이어갔습니다.

2013년 블루오리진과 스페이스X는 아폴로 11호를 발사했던 39A 발사대 사용권을 놓고 치열한 공방전을 벌였습니다. 상징적인 의미가 큰 곳이라 사용권을 확보하면 단숨에 우주개발의 주도권을 잡을 수 있다고 판단했습니다. 그 무렵 제프 베조스는 바다로 눈을 돌립니다. 아폴로 11호를 쏘아 올리고 대서양에 버려진 새턴V로켓 F-1 엔진을 인양하기로 결심합니다. 제임스 캐머런James Cameron 감독과 타이타닉 유물 탐사를 진행했던 데이비드 콘캐넌 David G. Concannon을 중심으로 해양 고고학자, 수중 탐사 전문가 등 60명으로 구성된 팀을 꾸렸습니다.

인양선 내부는 거대한 우주선을 연상시켰습니다. 실

시간으로 데이터를 분석하는 컴퓨터와 GPS 그리고 수중 탐사 로봇 같은 최첨단 장비가 실려 있었습니다. 인양에 필요한 모든 자원을 동원했지만 쉬운 작업이 아니었습니다. 방대한 해역에서 모래알을 찾는 것과 다를 게 없었습니다. 음파탐지기가 달린 물고기 로봇을 이용해 수색한 끝에 엔진처럼 보이는 잔해들을 찾았지만 40년간 바다에 잠겨 있던 물체 가운데서 로켓엔진을 가려내야 했습니다.

방법을 고심하던 중 복원팀에서 엔진을 식별할 단서를 찾았습니다. 특수 렌즈 필터로 부품을 스캔하던 중 연소장치 부분에서 금속 표면에 찍힌 '2044' 일련번호를 발견한 것입니다. 확인한 결과 새턴V로켓에 달린 다섯 번째 F-1 엔진이라고 판명되었습니다. 2개의 엔진이 인양되었고 워싱턴 D.C.의 국립항공박물관에 전시되었습니다.

제프 베조스는 인양 과정이 아폴로계획과 닮았다고 말했습니다. 수중 탐사 로봇의 부력은 미세 중력처럼 보였고 수평선의 암흑, 회색과 무색의 해저는 달 표면 같다고 표현했습니다. 그는 아이들과 만난 자리에서 엔진을 인양한 이유를 말했습니다. 새로운 세대가 과학과 공학 분야에서 아폴로 규모의 도전에 나설 수 있도록 영감을 주고 싶었다고 전했습니다. 그가 뉴스페이스 진출을 통해 궁극적으로 이루고 싶은 것은 미래 세대에게 전할

창문을 열면, 우주

호기심과 도전 정신인지도 모르겠습니다. 제프 베조스는 2021년 2월 아마존 대표직을 내려놓고 블루오리진에 집중하고 있습니다. 앞으로의 행보가 기대되는 이유이기도 합니다.

스페이스X 창업자인 일론 머스크는 뉴스페이스와 동의어가 되었습니다. 그가 없으면 뉴스페이스를 이야기할 수 없을 겁니다. 남아프리카공화국에서 태어난 일론 머스크 역시 일찍부터 SF소설에 심취했습니다. 특별히 아이작 아시모프Isaac Asimov가 쓴 파운데이션 시리즈와 더글러스 애덤스Douglas Noel Adams의《은하수를 여행하는 히치하이커를 위한 안내서》를 보며 우주적 세계관을 형성했습니다. 두 책은 모두 은하계를 무대로 활동하는 인간의 모습을 보여줍니다. 그때부터 일론 머스크는 인간이 지구를 벗어나 다른 행성을 오가는 다행성 종족이 되어야 한다고 생각했습니다. 지금 그가 주장하는 화성 이주 계획의 핵심도 유년기의 생각과 다르지 않은 듯합니다.

남다른 세계관과 공학에 빠져 있던 그의 어린 시절은 순탄치만은 않았습니다. 사춘기 무렵 어머니와 떨어져 아버지와 함께 살았습니다. 전기 엔지니어였던 아버지의 영향 때문인지 또래에 비해 호기심이 넘쳤던 그는 독학으로 프로그래밍을 배워 게임을 만들었고, 잡지사에 팔기도 했습니다. 그 뒤 냉전 시대가 끝날 무렵 캐나다 시민권자인 어머니의 도움으로 캐나다로 이주했고 퀸스대학에서 물리학을 전공합니다. 훗날 그의 물리학 공부는 스페이스X를 창업해 로켓을 개발하는 데 지대한 영향을 미칩니다. 탄탄한 지식을 토대로 엔지니어들과 로켓 개발 전 과정에서 논의가 가능했고 무명의 로켓 회사가 NASA와 계약을 체결할 때도 신임을 받는 데 한몫했습니다.

일론 머스크는 온라인 결제 플랫폼 페이팔을 매각한 뒤 평소 관심이 컸던 우주와 에너지 분야 사업에 뛰어들었습니다. 그는 2002년 스페이스X를 설립하고, 연이어 지속 가능한 지구 환경을 고심하며 2006년 태양광발전 기업 솔라시티를 만듭니다. 그의 사업 전략은 개인적 관심을 넘어 상호 연관성을 가지고 있습니다. 이후 설립한 테슬라, 뉴럴링크, 스타링크를 포함한 9개의 기업은 모두 인류가 직면한 문제를 해결한다는 철학에서 탄생했습니다. 다만 그는 자신이 가진 능력의 절반 이상을 우주개발 기업 스페이스X를 성장시키는 데 사용했습니다.

설립 초기에는 로켓을 직접 개발할 생각은 없었습니다. 화성 오아시스 프로젝트를 통해 화성에 소형 온실을 설치하고 식물을 길러 대중의 이목을 끌 계획이었습니다. 이를 실현하기 위해 러시아가 만든 대륙 간 탄도미사일을

창문을 열면, 우주

구입하러 갔습니다. 그런데 생각보다 비싸서 포기했고, 원가를 분석해보니 재료비가 훨씬 저렴해 로켓을 직접 만들기로 결심합니다. 그렇게 탄생한 첫 번째 실험용 발사체가 팰컨1 로켓입니다.

하지만 안정적으로 로켓을 발사하고 다시 발사대로 회수하는 일은 쉽지 않았습니다. 성공한다면 로켓 발사 비용을 획기적으로 줄일 수 있지만 실패했을 경우 막대한 자금이 사라집니다. 2006년 3월 첫 실험 발사에 실패한 뒤 연달아 세 번 실패하자 스페이스X는 안팎으로 힘든 상황에 몰렸습니다. 그를 지지했던 대중과 언론도 회의적인 시선을 보였습니다. 그렇지만 스페이스X는 연이은 실패에도, 담담하게 다음 발사를 준비했고 마침내 네 번째 발사에서 성공했습니다.

어렵게 얻은 성공이지만, NASA는 오히려 스페이스X의 가능성을 엿보았습니다. 당시 NASA는 우주왕복선 프로그램을 종료한 뒤 국제우주정거장에 화물을 운송하는 업무를 민간 기업에 위탁하는 프로그램을 구상하고 있었습니다. 잇따른 실패로 미래가 불투명하던 스페이스X는 2008년 12월 NASA와 16억 달러 규모의 계약을 체결하며 다음 단계로 가는 발판을 마련합니다. 팰컨1 로켓 실험은 계속 성공했고 2010년 팰컨1 로켓 9개를 연결한 팰컨9 로켓을 지구궤도에 올리는 쾌거를 이룹니다. 목표 궤도에 오른 뒤 로켓이 방향을 전환해 역추진해서 발사대에 착륙하는 모습은 마치 영상을 거꾸로 재생하는 듯 보였습니다.

팰컨9 로켓의 성공으로 스페이스X는 2만 킬로그램이 넘는 화물을 적재해 우주로 운송하는 일이 가능해졌고 2012년 5월, 최초로 국제우주정거장에 민간 우주선 크루드래건을 보내는 데 성공하면서 NASA의 전적인 신뢰를 얻게 됩니다. 이때를 기점으로 일론 머스크는 화성까지 화물을 보낼 수 있는 초대형 발사체인 팰컨헤비 로켓 개발에 착수합니다. 추진력이 강한 로켓을 만든다는 것은 더 많은 화물을 실어 우주로 보낼 수 있음을 의미합니다. 그가 십대부터 꿈꿔왔던 세계관을 실현하기 위한 가능성을 실험하는 무대이기도 했습니다.

재사용 가능한 고중량 발사체는 화성 정착에 필요한 핵심 기술입니다. 일론 머스크는 로켓 발사 후 화성 궤도로 비행할 상단 우주선에 의미 있는 것을 싣고 싶었습니다. 우주로 차를 보내자는 의견이 나왔고, 테슬라에서 만든 로드스터 자동차를 탑재하기로 최종 결정했습니다.

아폴로 11호 발사 이후 최대 규모의 로켓이 발사되던 날 1969년 7월의 풍경이 재현되었습니다. 스페이스X

전 직원은 관제센터 모니터를 초조하게 응시했고, 발사대 주변은 미국 전역에서 모여든 사람들로 북적였습니다. 모두 새로운 우주 시대를 여는 역사적인 순간을 함께하고 있었습니다. 발사대를 떠난 로켓은 한 번도 본 적 없는 엄청난 화염을 뿜으며 하늘로 솟아올랐습니다. 발사 2분 27초 후 보조 추진 로켓 2개가 분리되었고, 지상 착륙 지점으로 방향을 전환해 세 번의 연소 단계를 거치는 동시에 케이프커내버럴 공군기지에 사뿐히 내려앉았습니다.

일론 머스크와 제프 베조스. 닮은 듯 다른 두 선구자는 지난 20년간 각자의 방식과 철학으로 새로운 우주 시대를 열어가고 있었습니다. 두 사람의 인생을 돌아보면 우주에 대한 열망을 지펴준 이들이 존재했습니다. 그들에게 아폴로 우주 비행사는 유년기의 히어로였고 SF소설은 그들이 마주할 우주적 세계관이었습니다. 성공하려면 인생의 롤 모델을 만들라는 이야기가 있습니다. 어딘가에서 누군가, 그들을 자신의 히어로라고 생각하며 더 먼 우주를 꿈꾸고 있을지도 모릅니다. 다가올 우주 시대를 떠올리며 존 레넌John Lennon의 〈이매진Imagine〉을 선곡해보았습니다.

빠르게 회전하는
국제우주정거장을
따라잡아 도킹하는
크루드래건.

크루드래건,
우주에 가다

"우주는 매우 어두웠으나 지구는 푸르렀다."

지구 밖에서 지구를 최초로 본 사람은 소련의 우주 비행사 유리 가가린Yuri Alekseyevich Gagarin 입니다. 그는 우주선 창밖으로 지구를 내려다보며 '지구는 푸르다'라고 말했습니다. 그를 우주로 데려간 최초의 우주선은 1961년 소련에서 만든 보스토크Vostok 1호입니다. 유리 가가린은 89분 동안 지구를 한 바퀴 돌고 108분 뒤에 무사히 돌아왔습니다. 그의 첫 우주 비행은 인간이 지구와 우주의 경계를 넘나들 수 있다는 가능성을 보여주었습니다.

30년 뒤 인류는 지상에서 400킬로미터 떨어진 상공에 최초의 국제우주정거장을 건설했고 우주에서 장기간 체류하는 방법을 고민하기 시작했습니다. 인류가 지금까지 타고 나간 우주선은 모두 정부 주도로 개발되었고 상업적 이용이 불가능했습니다. 하지만 드디어 민간 기업이 독자적으로 우주선을 만들어 우주를 왕복하는 시대가 도래했습니다.

2020년 5월 30일 새벽, 플로리다주 케네디우주센터에는 긴장감이 돌았습니다. 우주탐사 역사상 첫 민간 유인우주선인 크루드래건Crew Dragon이 발사를 기다리고 있었습니다. 발사대 위에 선 로켓과 우주선은 모두 미국 우주 기업인 스페이스X가 제작했습니다. 사흘 전 발사 예정이었지만 발사 17분을 남겨놓고 사우스캐롤라이나 상공에서 열대성 폭풍우가 발생해 연기했습니다.

드디어 오전 4시 33분, 두 명의 우주 비행사를 태운 크루드래건이 발사대를 떠나 우주를 향해 솟구쳤습니다. 게다가 39A 발사대는 아폴로 11호가 새턴V로켓에 실려 달에 간 역사적인 장소였습니다. 1,000만 명이 넘는 사람들이 NASA TV를 통해 이 장면을 지켜보았고 온라인을 뜨겁게 달구었습니다. 현장에는 도널드 트럼프 대통령과 마이크 펜스 부통령도 참석해서 축하 메시지를 전했습니다.

미국은 2011년 우주왕복선 프로그램을 마지막으로 우주 발사체를 운용하지 않았습니다. 국제우주정거장에 화물이나 우주 비행사를 보낼 때 러시아의 소유즈Soyuz 캡슐을 이용했습니다. 크루드래건 발사는 9년 만에 자국에서 만든 로켓과 우주선으로 우주에 간다는 상징성이 큽니다. 원조 우주 강국의 자존심을 회복한 것이기도 하고요. CNN은 이번 유인 우주 비행을 보고 상업 우주 비행의 역사적 이정표를 세웠다고 의미를 부여했습니다.

우주선과 로켓까지 민간 우주 기업이 개발하면 앞으로 NASA는 어떤 역할을 할까요? 우주왕복선을 대신할 우주선 제작은 민간에 맡긴다는 입장입니다. 이미 2014년에 스페이스X, 보잉사와 각각 우주선 개발 계약을 체결했습니다. 민간 기업에 유인 우주 비행을 맡겨 비용을 절감하고 NASA는 향후 태양계 탐사에 더 많은 자원과 시간을 투입하겠다는 전략입니다.

이 순간을 가장 기다렸던 사람은 따로 있었습니다. 로켓이 성공적으로 궤도에 오르자 만세를 부르던 스페이스X 창업자 일론 머스크입니다. 최초의 민간 유인우주선 발사 뒤에는 한 개인의 끈기와 집요함이 있었습니다. 민간 우주 기업이 만든 우주선의 발사 현장은 분위기가 완전히 달랐습니다. 2018년에 테슬라 로드스터를 실어서 화성으로 보내는 이벤트를 했기 때문에 지켜보는 제 입장에서는 어떤 변화가 있을지 기대했는데, 상상 이상이었습니다.

먼저 우주 비행사가 발사대로 갈 때 아스트로밴 대신 테슬라에서 만든 모델X를 타고 이동했습니다. 밴에 비해 공간이 좁아서 불편할 것 같다고 생각했는데, 우주 비행사들이 편하게 탈 수 있도록 차량 바닥을 평평하게, 인체 공학적으로 개조했습니다. 그리고 등장부터 유독 눈에 띈 것은 아이언맨 슈트를 연상시키는 우주복이었습니다. 새 우주복은 실제로 〈어벤져스Avengers〉와 〈엑스맨X-men〉 의상을 디자인한 호세 페르난데스Jose Fernandez가 참여해 만들었습니다. 영화 의상 같은 우주복을 보고 안전보다 디자인에만 신경 쓴 것 같다는 의견도 있었습니다. 그렇지만 이 우주복은 쇄골부터 무릎까지 공기역학을 고려해 설계되었습니다.

사람들의 시선을 사로잡은 것은 우주복만이 아니었습니다. 크루드래건 내부는 복잡한 계기판과 버튼이 사라지고 터치스크린 방식의 모니터만 있었습니다. 영화 속 우주선을 보는 느낌이었습니다. 역사적인 우주 비행에 참여한 두 명의 우주 비행사는, 발사와 귀환 임무를 담당하는 더글러스 헐리Douglas Hurley와 국제우주정거장과의 랑데부 및 도킹을 맡은 로버트 벤켄Robert Behnken입니다.

　　두 사람 모두 우주왕복선 프로그램에서 활약한 베테랑입니다. 최초의 민간 유인우주선 비행인 만큼 NASA에서도 노련한 우주 비행사가 적임자라고 판단했습니다. 사령관인 더글러스 헐리는 마지막 우주왕복선 아틀란티스Atlantis호 임무에 참여했습니다. 그는 미국의 마지막 유인우주선과 새로운 민간 유인우주선에 모두 참여하는 행운을 얻었습니다.

　　스페이스X에서 만든 우주선은 국제우주정거장에 화물을 실어 나르는 카고드래건Cargo Dragon과 우주인을 태울 수 있는 크루드래건, 두 가지 형태입니다. 이미 NASA와 우주 화물 운송 계약을 체결한 스페이스X는 2010년부터 카고드래건으로 국제우주정거장에 화물을 운송하고 있었습니다. 카고드래건을 통해 우주선의 신뢰성을 얻긴 했지만 사람을 태운 우주선 발사는 이번이 처음이었습니다. 크루드래건의 안전성을 확보하기 위해 스페이스X는 2020년 1월에 드래건 캡슐 비상 탈출 테스트를 진행했습니다. 고도 상승 중 로켓에 문제가 생길 경우를 가정했습니다. 사람 대신 인형 둘을 태운 것 빼고는 모든 과정을 실전과 똑같이 설정했습니다.

팰컨9 로켓이 이륙한 지 84초 후 의도적으로 1단계 발사체의 엔진을 정지시켜 비상 탈출 시스템을 가동했습니다. 이때가 로켓이 가장 빨리 가속되는 시점입니다. 잠시 후 우주선에 내장된 8개의 엔진으로 구성된 슈퍼드라코SuperDraco 추진 장치가 자동 점화되면서 우주선과 로켓이 분리되고 1단 발사체는 폭발합니다. 분리된 우주선은 고도 40킬로미터 상공까지 올라갔다가 지구 쪽으로 방향을 전환한 뒤 4개의 낙하산을 펼쳤습니다. 이 모든 과정에 걸린 시간은 9분입니다. 테스트에 앞서 스페이스X는 슈퍼드라코는 700번, 낙하산은 80번에 걸쳐 작동 실험을 했습니다.

크루드래건이 성공적으로 궤도에 오르자 이슈가 된 것이 있습니다. 바로 초식 공룡 아파토사우루스apatosaurus 인형입니다. 단지 기념을 위해 가져간 것은 아닙니다. 인형에도 중요한 임무가 있었습니다. 바로 우주선 내부의 무중력상태를 보여주는 역할입니다. 공룡 인형이 공중에 떠다니면 정상적으로 우주에 진입했음을 확인할 수 있기 때문입니다.

우주 비행사들의 그저 유쾌한 이벤트처럼 보이지만 사실 인형을 가져간 역사는 꽤 오래되었습니다. 우주에 인형을 처음 가져간 사람은 유리 가가린이며 이때부터

창문을 열면, 우주

전통이 되어버렸습니다. 우주에 간 인형 중 가장 유명세를 탄 것은 디즈니 애니메이션 〈겨울왕국〉에 등장한 올라프입니다. 2014년 국제우주정거장에 간 러시아 우주 비행사 안톤 슈카플레로프Anton Shkaplerov는 올라프를 우주에 데려가달라는 딸의 간곡한 부탁에, 이 인형을 가져가 큰 화제가 되었습니다. 유럽 우주 비행사들은 인기 만화 〈땡땡의 모험Les Aventures de Tintin〉에 나오는 달 탐사 로켓을 가지고 우주선에 탑승하는 것이 전통이라고 합니다. 여러모로 인형이 우주 홍보 대사 역할을 충실히 하는 것 같습니다.

크루드래건은 발사부터 도킹까지 19시간이 걸렸습니다. 지상에서 400킬로미터 떨어진 국제우주정거장에 도킹하는 데 왜 이렇게 오래 걸릴까요? 우주선과 국제우주정거장의 상대속도를 0으로 맞춰야 하기 때문입니다. 국제우주정거장은 초속 7.7킬로미터로 지구를 회전합니다. 빠르게 회전하는 국제우주정거장을 따라잡아 정확하게 우주선을 도킹하는 일은 기본적으로 어려운 일입니다. 우주인 이소연 박사가 국제우주정거장에 갈 때도 지구를 서른 바퀴 정도 돈 다음 도킹을 시도했고, 일부 소유즈 캡슐은 도킹까지 48시간이 걸린 적도 있습니다. 상대속도를 맞추는 것 역시 어렵지만 지구를 회전하면서 우주선

시스템이 정상 작동하는지도 확인이 필요합니다.

도킹 임무를 담당한 로버트 벤켄은 크루드래건과 우주왕복선의 탑승감을 비교하기도 했습니다. 우주왕복선과 견주어 크루드래건이 상승 단계 후반에 비행 내내 숨을 헐떡이며 궤도에 진입했다고 표현했습니다. 크루드래건이 우주왕복선보다 가벼워서 그런 느낌을 받았을 겁니다. 두 우주 비행사는 19시간 궤도 비행을 하면서 몇 시간 동안 수면을 취했습니다. 궤도에 진입한 뒤에는 별다른 문제가 없었나 봅니다.

이제 가장 중요한 도킹 단계가 남았습니다. 영화에서 도킹 장면을 보면서 손에 땀을 쥐곤 했습니다. 도킹은 두 우주선을 연결하는 작업입니다. 총알처럼 빠르게 움직이는 2대의 우주선이 위치와 방향을 조절해 만난다고 생각하면 아찔합니다. 우주개발 초기에는 오롯이 우주 비행사의 조종 능력으로 도킹을 시도했지만 현재는 자동으로 진행됩니다. 하지만 긴장의 끈은 놓을 수 없습니다. 우주는 예측 불허의 공간입니다. 만일의 사태를 대비해 우주 비행사들은 수동으로 도킹하는 훈련을 받습니다.

NASA는 도킹 과정을 실시간으로 보여주었습니다. 암흑의 우주를 배경으로 흰색 우주선이 도킹하는 과정을 1,000만 명 이상의 사람들이 지켜봤습니다. 컴퓨터가 도킹을 대신하는 시대지만 우주에서 사람과 사람이 만나는 모습은 언제 봐도 감동적입니다. 도킹에 성공하자 국제우주정거장에 체류 중인 우주 비행사들이 지구에서 온 두 사람을 반갑게 맞았습니다.

스페이스X는 유인우주선 발사를 기념해 도킹 시뮬레이터(iss-sim.spacex.com)를 공개했습니다. 크루드래건 내부와 똑같은 화면을 통해 국제우주정거장과 도킹하는 게임입니다. 시뮬레이터는 실제 상황과 똑같은 조건이 주어집니다. 컨트롤러를 빠르게 조작하고 싶어도 마음처럼 되지 않습니다. 어두운 방 안에서 도전해보면 우주 비행사의 긴장감을 느낄 수 있을 겁니다.

두 달간 국제우주정거장에 체류하며 우주유영과 실험 임무를 수행한 우주 비행사들은 지구로 돌아갈 준비를 시작했습니다. 2020년 8월 2일, 남아프리카 요하네스버그 상공에서 크루드래건은 국제우주정거장과 작별하고 추진기를 통해 대기권에 진입했습니다. 시속 2만 8,000킬로미터의 가속도와 섭씨 1,900도의 마찰열을 견디며 지구로 향했습니다.

지구로 귀환할 때 미국과 러시아는 서로 다른 착륙 방식을 사용합니다. 미국은 안전을 고려해 해상 착륙을, 러시아는 지상 착륙을 선호합니다. 딱딱한 땅보다 바다에 내리는 것이 안전하지만 바다에 착륙하면 비용이 많이 듭니다. 우주선이 착륙 지점을 벗어나는 상황을 대비해서 여러 곳에 선박을 대기시켜야 하거든요. 아무튼 인류 최초의 민간 유인우주선은 무사히 지구로 돌아왔습니다.

더글러스 헐리는 진정한 영광이고 특권이며 이런 탐험의 일원이 된 것에 대해 말로 표현하기 어려울 정도로 벅차다는 소감을 전했습니다. 그들의 무사 귀환은 본격적인 상업 우주 비행 시대를 열었습니다. 이번 성공으로 스페이스X는 NASA의 가장 중요한 파트너가 되었습니다. 그리고 세 달 뒤 스페이스X는 NASA와 함께 유인우주선 리질리언스Resilience를 발사했습니다.

우주여행 시대가 성큼 다가왔다는 이야기를 종종 듣습니다. 예전보다 사람이 우주에 갈 기회가 많이 생길 겁니다. 역사에서 보았듯이 길의 탄생은 문명의 발전을 이끌었습니다. 길을 통해 물자를 운반하고 지식과 문화가 전파되었습니다. 새롭게 생긴 우주로 가는 길은 우리의 삶과 문화에 어떤 영향을 미칠까요? 누구도 쉽게 예측할 수 없을 겁니다. 하지만 한 가지 확실한 바는 이제 우리는 우주 시대를 살아가는 '호모 스페이스쿠스'라는 것이겠지요.

우리는 그 어느 때보다 인류의 관점이 달라질, 결정적인 순간에 와 있는지도 모릅니다. 우주에 새로운 길

창문을 열면, 우주

을 연 두 우주 비행사에게 김윤아가 부른 〈고잉 홈Going Home〉을 헌정하고 싶네요. 헐리, 벤켄 지구에 온 것을 환영합니다.

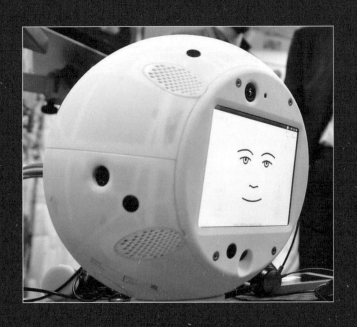

축구공 형태의 로봇,
인공지능 사이먼.

우주탐사의
똑똑한 동반자

인공지능은 최근 몇 년 동안 큰 파도를 일으켰습니다. 기존 컴퓨터 처리 능력보다 더 빠르게 문제를 해결할 수 있게 되었기 때문입니다. 인공지능이 발달함에 따라 우리는 모든 분야에서 발전을 이루었지요. 물론 지구를 넘어서 우주탐사에도 많이 쓰입니다. 미션 설계부터 우주 쓰레기 처리에 이르기까지 인공지능을 이용해 더 먼 우주를 탐험할 방법은 무궁무진합니다.

　영화 〈인터스텔라Interstella〉에 나온 로봇 타스와 케이스를 기억하시나요? 중요한 의사 결정을 할 때마다 조언을 하고 심지어 위기에 처한 주인공을 구조하는 모습도 보여주었습니다. 물론 이 가상의 로봇은 아직 존재하지 않습니다. 하지만 과학자들은 우주 비행사를 돕기 위해 지능적인 비서를 만들어 영화 속 로봇과 비슷한 역할을 맡길 수 있도록 노력하는 중입니다.

인공지능 기반 비서는 영화처럼 화려하지 않아도 우주탐사에 매우 유용할 겁니다. 최근 개발 중인 것으로 우주선 내부의 이산화탄소 증가를 예측해서 우주 비행사에게 위험을 알리는 인공지능이 있습니다. 로봇 형태를 갖춘 비서도 등장하는 추세입니다. 사이먼CIMON이라는 인공지능 비서는 독일우주국, IBM, 에어버스가 함께 개발에 참여했습니다. 축구공 크기의 사이먼은 우주선 내부를 떠다니며 우주 비행사와 대화하는 구 형태의 로봇입니다. 얼굴 인식 소프트웨어가 탑재되어 누구와 대화하는지 인식합니다. 대화 내용을 분석해 단순한 얼굴 표정을 짓기도 합니다.

이 로봇의 개발 책임자인 마티아스 비니옥Matthias Biniok은 〈인터스텔라〉의 타스처럼 우주 비행사의 실험을 돕고 감정적인 동반자 역할을 맡기기 위해 사이먼을 만들었다고 말합니다. 지금은 우주선 내부에서 작업하다가 필요한 정보가 있으면 랩톱 컴퓨터를 켜서 확인해야 합니다.

이때 사이먼을 이용하면 필요한 정보를 바로 물어볼 수 있습니다. 더불어 장기간 우주 공간에 노출되면 극심한 스트레스를 받기 마련입니다. 궁극적으로 사이먼은 우주 비행사의 감정을 읽어 편안한 대화 상대가 되는 것이 목표입니다. 인공지능 비서 사이먼은 3년간의 테스트를 거쳐 2019년 12월 국제우주정거장으로 보내졌습니다.

화성 탐사를 계획하는 것은 쉬운 일이 아니지만 인공지능으로 좀 더 수월하게 할 수 있습니다. 전통적으로 새로운 우주 미션은 이전 미션에서 수집한 정보에 의존합니다. 그러나 이런 정보들은 접근이 제한되어 찾기 어려운 경우가 많습니다. 물론 우주 미션에서 수집한 정보는 해당 국가나 기관의 자산이기 때문에 쉽게 개방할 수 없습니다.

그러나 뉴스페이스 시대가 도래하면서 국제 협업이 중요해진 만큼, 이러한 정보를 단 몇 번의 클릭만으로 권한을 가진 모든 이가 사용할 수 있다면 어떤 변화가 생길까요? 과학자들은 위키피디아처럼 검색이 용이하지만 신뢰성 높은 정보를 바탕으로 복잡한 질문에 답할 수 있는 인공지능 시스템의 필요성을 강조합니다. 그리고 초기 미션 설계에 필요한 시간을 줄이기 위해 정보를 찾아주는 비서 시스템을 연구하고 있습니다. 다프네Daphne는 지구 관측위성 시스템을 설계하는 지능형 비서의 한 예입니다. 다프네는 위성 설계팀의 시스템 엔지니어가 사용합니다. 피드백과 특정 질문에 대한 답변을 제공해 작업을 더 쉽게 만들어줍니다.

또한 뉴스페이스 시대에 가장 주목받는 것은 인공위성입니다. 현재 스페이스X는 지구 저궤도에 약 1,000개의 인공위성을 쏘아 올렸고 1단계 계획으로 1만 3,000개가 넘는 인공위성을 추가로 발사할 예정입니다. 일명 스타링크Starlink로 불리는 이 프로젝트를 통해 우주 인터넷과 통신 서비스가 가능해집니다. 스페이스X뿐만 아니라 많은 기업과 국가가 다양한 목적으로 인공위성이 수집한 데이터를 활용하기 위해 노력합니다.

수많은 인공위성은 엄청난 양의 데이터를 만들어냅니다. 사람이 작업할 수 없을 정도로 많은 위성 데이터 처리를 위해 인공지능을 활용한 기술이 주목받고 있습니다. 대표적으로 미국의 오비탈 인사이트사는 인공위성이 촬영한 데이터를 클라우드 컴퓨팅 기술을 통해 내려받고 인공지능 기반 알고리즘을 거쳐 고객이 원하는 정보로 가공합니다. 가공된 정보는 대기오염 감시, 식물 변화, 광물 자원 탐지 등 다양한 형태입니다.

데이터 처리를 위한 인공지능 알고리즘은 인공위성

창문을 열면, 우주

자체에도 활용이 됩니다. 최근 연구에서 과학자들은 원격 위성 상태 모니터링 시스템을 위한 다양한 인공지능 기술을 테스트했습니다. 이는 인공위성으로부터 수신된 데이터를 분석해 문제를 감지하고 인공위성의 성능을 예측하며, 의사 결정을 위한 시각화된 정보를 제공합니다. 우리나라를 대표하는 인공위성 기업 쎄트렉아이도 위성이 수집한 영상 데이터를 처리하기 위해 인공지능 기술을 사용하고 있습니다. 특히 쎄트렉아이의 자회사인 에스아이에이는 위성 항공 영상을 분석하는 인공지능 기반의 기술을 개발하고 있습니다. 주로 수요가 많은 국방 분야에서 인공지능과 딥러닝을 활용합니다. 수작업으로 처리하던 위성 영상 분석에 인공지능이 결합되면 지형 변화를 손쉽게 확인할 수 있습니다.

인공위성의 활용도가 높아지면서 동시에 우주 쓰레기가 증가하고 있습니다. 가장 큰 과제 중 하나가 우주 쓰레기를 처리하는 방법입니다. 유럽우주국은 길이가 10센티미터보다 긴, 약 3만 4,000개의 물체가 기존 우주 인프라에 심각한 위협을 가한다고 이야기합니다. 영화 〈승리호〉처럼 먼 미래에는 우주 쓰레기를 수거해 파는 기업들이 등장할 겁니다. 지금도 몇몇 우주 기업들이 우주 쓰레기 수거 로봇을 개발해 상용화를 준비하고 있습니다.

현재 가장 많이 쓰이는 방식은 인공위성이 수명을 다하면 지구 대기로 진입하도록 설계해 소멸시키는 방식입니다. 최근 들어 우주 쓰레기 처리에도 인공지능을 사용하고 있습니다. 과학자들은 기계가 데이터를 바탕으로 스스로 학습하는 머신러닝 기술을 써서 충돌을 회피하는 방법을 개발했습니다. 인공지능을 통해 학습된 데이터를 궤도에 있는 인공위성으로 보내 우주에서 발생 가능한 충돌을 최소화시켜 우주 쓰레기가 되는 것을 미연에 방지하는 기술입니다.

우리는 GPS나 내비게이션을 사용하는 구글 지도와 같은 도구에 익숙합니다. 하지만 우주에는 이러한 도구가 없습니다. 아직 달이나 화성 궤도에는 위치를 확인할 수 있는 항법 위성이 없지만 LRO Lunar Reconnaissance Orbiter 같은 관측 위성에서 얻은 무수히 많은 이미지를 사용해 내비게이션이나 GPS처럼 쓸 수 있습니다. 관측 위성은 다양한 임무에서 얻은 수백만 장의 사진으로 알고리즘을 학습해 가상의 달 지도를 만들었습니다. 2018년에 NASA 연구팀은 인텔과 협력해 인공지능을 사용해서 행성을 탐험하는 지능형 내비게이션 시스템을 개발했고요.

특히 행성 탐사 분야에서 인공지능은 새로운 변화를 주도하고 있습니다. 자율 주행 차를 안전하게 만드는 알

창문을 열면, 우주

고리즘은 외계 행성을 찾거나 외계 생명체 탐사에도 쓰입니다. 태양계 밖에 있는 외계 행성을 관측하려면 방대한 양의 데이터를 분석하는 일도 문제지만 관측한 데이터에 잡음 신호가 많은 것도 걸림돌입니다. NASA는 머신러닝 기술을 사용해 잡음 신호를 거르고 행성 대기에서 분자가 방출하거나 흡수하는 빛의 파장을 분석해 생명체 존재 여부를 파악하는 기술을 개발하고 있습니다. 기술의 발달로 외계 행성을 발견하는 횟수가 늘어난 만큼 인공지능 분석 기술을 이용해 옥석을 가려낼 수 있을 겁니다.

2022년 여름 발사 예정인 엑소마스 탐사선에 인공지능 시스템을 탑재하기 위해 테스트를 진행하고 있습니다. 이 시스템은 탐사선이 수집한 토양 샘플에서 가장 의미 있는 데이터를 가려 분석해줍니다. 엑소마스가 화성에 도착해 안정적으로 임무를 수행한다면 다른 행성 탐사에도 적용이 가능합니다. NASA 역시 2026년에 발사할 토성의 위성 타이탄 탐사선 드래건플라이Dragonfly에 인공지능 기반의 자율 탐사 기능을 적용할 계획입니다.

타이탄은 생명체 발견이 가장 유력한 곳으로, 과학자들이 관심을 갖고 있습니다. 하지만 지구와 통신하기에는 거리가 너무 멀기 때문에 자율 탐사 기술이 꼭 필요합니다. 타이탄과 더불어 생명체 존재 가능성이 높은 목성의 위성 유로파 탐사에도 비슷한 기술이 쓰일 예정입니다.

탐사 로버뿐 아니라 정찰위성 역시 화성을 관측하는데 중요한 역할을 담당합니다. 2010년 3월부터 5월 사이 화성에 많은 유성이 떨어져 표면에 충돌했습니다. 이때 만들어진 운석공은 지름이 4미터 정도였습니다. 향후 화성 유인 탐사를 위해 정확한 지형도를 만드는 것이 중요하기 때문에 인공위성을 활용해 운석공의 위치를 파악합니다. 이때 크기가 작을수록 정찰위성을 사용해 발견하기가 어렵습니다. 그래서 작은 운석공을 찾기 위해 인공지능을 사용했습니다. 일반적으로 과학자들은 정찰위성이 수집한 이미지를 받아서 먼지 폭풍, 모래언덕, 분화구 같은 자연현상을 찾는 데 많은 시간을 쏟습니다. 하지만 행성 표면에 그늘이 지거나 먼지 폭풍이 오랫동안 지속되면 선명한 이미지를 얻기 어렵습니다.

특히 운석 충돌로 만들어진 운석공은 흔적만 남은 경우가 많아 흐릿한 이미지만 보고 찾기가 어렵습니다. NASA는 정찰위성에 달린 고해상도 카메라를 이용해 화성 표면을 자세히 관측했습니다. 하지만 고해상도 이미지를 분석하는 데는 시간이 걸립니다. NASA는 이미지를 빠르게 해석하기 위해 인공지능 기술을 사용했습니다. 고해상도 카메라가 촬영한 약 7,000장의 이미지를 머신러닝으로 학습시킨 다음, 만들어진 시기에 따라 운석공을 분류하도록 했습니다. 방대한 데이터 처리를 위해 슈퍼컴퓨터가 사용되었고 40분이나 걸리던 시간이 5초로 단축되었습니다. 인공지능의 도움으로 수천 개의 운석공에서 가능성이 높은 후보로 20개를 발견했습니다.

이처럼 미래 우주탐사는 필연적으로 인공지능을 사용할 수밖에 없을 겁니다. 과학자들은 끊임없이 증가하는 정보와 맞서 싸워야 합니다. 정보의 바다에서 데이터를 빠르게 처리하는 것만으로도 인간의 뇌를 자유롭게 해줄 수 있겠지요. 하지만 우려의 목소리도 큽니다. 인공지능 역시 뇌처럼 작동하며 학습하는 과정에서 오류가 생길 수 있습니다. 그래서 여전히 인간의 판단과 비판 능력이 필요합니다. 결국 더 깊고 넓은 우주를 이해한다는 건 인간 지능과 인공지능이 만나는 일입니다.

보이저호에는 지구의 소리와 노래를 담은 '골든 레코드'가 실려 있습니다. 인공지능 탐사선이 우주를 비행한다면 어떤 노래가 어울릴까요? 인간이 만든 음악을 듣고 스스로 곡을 만들지는 않을까요? 광주과학기술원에서 개발한 인공지능 작곡가 이봄이 만든 하연의 노래 〈아이즈 온 유 Eyes on you〉를 선곡해봤습니다. 인공지능의 감성도 인간 못지않은 것 같네요.

화성 여행자를 위한
생존법

화성에 간다면 어떤 풍경을 보게 될까요? 예상했겠지만 척박한 붉은 사막과 얼어붙은 분화구를 마주할 겁니다. 누군가는 이 황량한 풍경을 보고 절망에 빠지겠지만 준비가 된 사람이라면 감격해서 눈물을 흘릴지도 모릅니다. 1960년대부터 시작된 화성 탐사로 우리는 많은 것들을 알게 되었습니다. 화성에는 과거에 물이 흘렀던 흔적도 남아 있고, 생명체의 재료가 되는 원소들도 있습니다. 심지어 유기체의 물질대사 과정에서 만들어지는 메탄가스도 발견되어 생명체 존재 가능성도 열려 있습니다.

지금 우리가 아는 화성에 대한 모든 것은 앞서 말씀 드렸듯이 화성 탐사선이 밝혀낸 정보입니다. 인간이 화성에 갈 수 있다는 확신은 아직 없습니다. 하지만 언젠가는 화성에 우주인을 보내 행성을 탐사하고 거주지를 만들어 새로운 문명을 세울 겁니다. 과학자들은 오래전부터 인간을 화성에 보내기 위한 유인 탐사 실험을 했습니다. 지구에서 화성과 비슷한 환경을 가진 곳에 거주 시설을 만들어 비밀리에 연구를 진행하고 있습니다.

대표적으로 미국 유타주의 사막에 가면 화성탐사연구기지Mars Desert Research Station, MDRS가 있습니다. 이 연구기지는 1998년 설립된 화성협회The Mars Society에서 운영합니다. 화성협회는 우주 비행사, 천문학자, 과학자들이 만든 비영리단체로서 화성 유인 탐사 실험을 진행하기 위해 유타주 사막과 캐나다 북극지방에 아날로그 시뮬레이션 기지를 만들었습니다.

저도 2018년, 실험에 참여했습니다. MDRS가 위치한 유타주의 사막은 그야말로 황량합니다. 트라이아스기부터 백악기까지의 지층이 모두 있어 미국을 대표하는 공룡 화석이 발견된 곳이기도 합니다. MDRS에 가기 전, 물품을 구입하기 위해 행크스빌 타운에 있는 주유소에 들렀습니다. 주유소는 뜨거운 사막의 날씨를 피해 동굴 안에 지어졌고 주유소 앞에는 유타 사막에서 발견된 브론토사우루스 모형이 서 있었습니다. 화성에 기지를 세운다고 할 때 용암 동굴을 유력한 후보지로 꼽는데 마치 그 현실판을 본 듯했습니다.

한국에서 출발한 지 이틀 만에 MDRS에 도착하자 정말이지 꿈을 꾸는 것 같았습니다. NASA 우주생물학자들과 서호주를 탐험했을 때 그들로부터 MDRS가 있다는 사실을 들었습니다. 화성 유인 탐사를 준비하기 위해 세워진 시설이며 선택된 일부 사람들만 방문해서 과학 실험을 하고 생존 훈련을 받는다고 했습니다. 영화 〈마션〉의 세트장 같은 가상의 우주기지에서 평균 일곱 명의 과학자가 한 팀을 구성해 짧게는 몇 주, 길게는 몇 달 동안 고립 생활을 합니다.

단지 흥미로운 경험이라고 말하기에는 비좁고 열악한 환경입니다. 50제곱미터 정도의 공간에 방이 7개 있고 부엌과 작업실까지 모두 들어가 있습니다. 그리고 벽시계 크기의 원형 창문 2개가 전부입니다. 밖에 나갈 때도 우주인들이 선외활동을 하는 것처럼 약 15킬로그램의 우주복을 입고 과학 실험과 기지 보수공사 임무를 해야 합니다. 미션 당일에 포기하고 돌아간 과학자도 있다고 합니다. 그만큼 좁고 밀폐된 공간이 주는 심리적 압박감이 큰 곳입니다.

이러한 극단적인 훈련을 하는 이유는 장기 우주탐사가 건강과 심리에 미치는 영향을 대비하기 위함입니다. 화성에 다녀오려면 수년이 걸립니다. 좁은 우주선 안에서 동료들과 얼굴을 마주하고 서로의 냄새를 맡으며 생활하는 일은 결코 쉽지 않습니다. 최고 성능의 우주선과 로켓이 만들어진다 해도, 고립된 밀폐 공간에서 견뎌내는 인간의 신체 능력을 키우는 것이 중요하기 때문에 MDRS의 훈련은 반드시 필요합니다.

훈련이 쉽지 않다는 사실을 알고 있었지만 꼭 MDRS에 가보고 싶었습니다. 참여할 소중한 기회가 주어지고 나서는 훈련에 몰입하기 위해 관련 자료와 영상을 수없이 돌려 봤습니다. 꿈에 그리던 곳에 도착했을 때, 영상 속 장면이 나를 중심으로 눈앞에 펼쳐졌고 눈시울이 뜨거워졌습니다.

MDRS는 주거 공간인 데크하우스Deck House를 중심으로 4개의 연구 동이 터널로 연결되어 있습니다. 데크하우스는 2층으로 지어진 건물이고, 위층이 실질적인 주거 공간이며 크루들은 이곳에서 대부분의 시간을 보냅니다. 기수별로 한 국가의 단일 팀을 구성하기도 하지만 대개 다국적 인원이 모입니다. 실제 우주 미션에서는 다양한

창문을 열면, 우주

나라에서 온 우주인이 함께 생활하기 때문입니다. 서로 상대방 나라의 언어와 문화를 익히며 정서적 유대감을 쌓아야 원활하게 미션을 수행할 수 있기도 합니다. 저희 팀은 이탈리아에서 온 사령관 일라리아 시넬리Ilaria Cinelli 박사, 페루에서 온 우주생물학자를 중심으로 태국, 한국에서 참여한 인원으로 구성되었습니다.

1층에는 외부에 설치된 CCTV를 통해 크루들의 선외 활동을 볼 대형 모니터가 설치되어 있고 우주복과 장비를 보관합니다. 우주복을 입고 첫 선외활동을 할 때는 무척 긴장되었습니다. 우주복은 혼자 입을 수 없습니다. 영화에서 동료들이 서로 착용을 도와주는 장면을 보셨을 겁니다. 시뮬레이션 우주복이지만 등에 메는 생명 유지 장치와 헬멧은 무게가 나가기도 하고 외부 공기가 유입되지 않아야 하기 때문에 2인 1조로 착용을 돕습니다.

우주복을 입었더라도 바로 밖으로 나갈 수 없습니다. 우주선과 우주 공간 사이에 있는 에어록airlock을 반드시 거쳐야 합니다. 에어록은 우주인이 우주선에 진입하기 전 체내에 있는 질소를 빼는 감압 시설입니다. 잠수사들이 잠수병에 걸리지 않도록 수중에서 감압을 하는 원리와 비슷합니다. 우주복을 입고 오갈 때 항상 에어록에서 3분 동안 대기해야 합니다. 좁은 에어록 안에서 동료들과 헬멧을 맞대던 시간이 기억납니다. 헬멧 안에 장착된 무전기로 서로 독려하고 선외활동에 필요한 정보를 교환했습니다. 땀으로 범벅 된 우주복을 입고 기다릴 때면 시간이 천천히 흘렀습니다.

저희 팀이 처음 부여받은 미션은 데크하우스와 새로 만든 공작실RAM 간 이동 터널을 구축하는 것이었습니다. 갑자기 터널을 건설하라고 해서 당황했지만 이는 화성에 가는 사람들에게 꼭 필요한 훈련입니다. 화성에서는 건물이나 물건을 직접 만들어야 합니다. 특히 거주 시설의 경우 비용이나 우주 방사선 등을 고려해 작은 모듈 형태로 짓습니다. 모듈과 모듈 사이를 터널로 연결하게 되는데 이는 화재나 사고 발생 시 길을 차단해 추가 피해를 막기 위해서입니다. 그만큼 생존과 직결된 훈련입니다.

만들어야 하는 터널 길이가 짧아 쉽게 생각했지만 우주복이 복병이었습니다. 15킬로그램의 우주복을 입고 철제 기둥을 땅에 박는 일부터가 만만치 않았습니다. 우주복을 처음 입었을 때는 생소한 경험에 들떴지만 섭씨 40도를 웃도는 더위 속에서 우주복은 감각을 무디게 했고 신체 능력이 현저히 저하되었습니다. 다섯 발자국 간격으로 철제 기둥을 배열하고 원통형 망치로 기둥을 내리쳤지만 둔탁한 소리만 들렸습니다. 건조한 사막은 표면이 딱딱했고 땅속에는 암석이 많았습니다. 이러한 변수들을 고려해 오전에는 터널 형태의 철제 구조물을 완성했고 오후에는 지붕을 설치했습니다.

MDRS에서의 첫날은 익숙함과 결별하는 시간이었습니다. 선외활동 전에 충분히 자료를 검토했고 체력도 자신 있었지만 막상 작업을 하려니 막막했습니다. 무엇보다 밀폐된 환경이 주는 고립감이 상상 이상으로 힘들었습니다. 아폴로계획의 미션 중 하나가 '우주유영이 가능한 인간 능력의 개발'입니다. 화성 탐사도 마찬가지입니다. 멋진 건물을 세우고 우주선을 보내는 장밋빛 미래가 아니었습니다. 결국 화성에 간 뒤 생존할 수 있도록 인간의 능력을 키우는 것이 본질이라는 생각이 듭니다. 물론 로봇이 많은 역할을 담당하겠지만, 여전히 판단이 요구되는 작업은 인간의 몫입니다.

이곳에서는 잠들기 전, 하루 일과를 꼼꼼히 기록합니다. 첫날의 기록을 열어보니 중력을 벗어나 움직이는 것, 대기가 없는 환경에서 호흡하는 것, 무엇보다 고립된 환경에서 생활하는 것에 대한 고민이 많았습니다. 둘째 날부터는 시간 개념을 잃어버린 기분이 들었습니다. 주거 시설 안에는 지구 기준의 시계가 없습니다. 대신 화성의 시간 단위인 태양일Sol이 적힌 것만 있습니다. 화성의 하루는 '솔'이라고 부르는데 24시간 37분으로 지구와 비슷합니다. 어색한 시계를 읽기보다, 태양과 별의 움직임으로 시간을 가늠하게 되었습니다.

하루의 시작은 운동이었습니다. 데크하우스 1층 공간에서 간단한 스트레칭과 화성에서 필요한 응급조치법을 배웠습니다. 고립된 환경, 달라진 중력에서 체력을 유지하는 일은 중요합니다. 특히 지구와 화성에서의 심폐소생술 방법이 다른 것이 인상적이었습니다. 화성에서 환자가 발생하면 우선 개인의 안전이 확보된 경우에만 심폐소생술을 할 수 있습니다. 그리고 화성의 중력을 고려해야 합니다. 약한 중력에 의해 흔들리지 않도록 몸 위에서 다리로 환자를 고정한 다음에 심폐소생술을 합니다.

일라리아 사령관부터 한 명씩 돌아가며 평소 자주 하는 운동을 하나씩 공유했습니다. 사령관은 틈틈이 왜 운동이 중요한지 설명해주었습니다. 중력이 없거나 미약한 환경에서 장기간 생활하면 골밀도가 약해지고 뼈가 늘어나며 심장 기능도 약해집니다. 그리고 무엇보다 운동시간은 크루들 간 대화의 장이기도 합니다. 이야기를 나누며 서로의 심리 상태를 확인합니다.

사령관은 불안해지면 채소를 재배하는 그린햅Green Hab에 가서 시간을 보내라고 했습니다. 그린햅은 화성에서 자급자족이 가능한 생활을 유지하기 위해 만든 실험실입니다. LED 빛으로 채소를 키우고 각종 식물 재배 실험을 합니다. 원래의 목적은 이렇지만 녹색의 식물을 보면 심리적으로 안정되는 효과가 있습니다.

제가 가장 기대했던 훈련은 화성 중력 체험입니다. 화성의 중력은 지구 중력을 1로 보았을 때 38퍼센트 수준입니다. 수치로 보면 지구보다 중력이 세 배 정도 약하기 때문에, 화성에서 몸무게를 재면 지구에서보다 세 배 가볍게 측정되겠지요. 중력 차는 선외활동 시 우주인의 움직임에 영향을 주기 때문에 화성 중력에 대비하는 훈련이 중요합니다. 하지만 실내 공간에 화성의 중력을 구현하려면 비용과 기술적인 어려움이 있습니다.

그래서 좀 더 간단한 방법으로 실험을 설계했습니다. 우선 지구에서의 몸무게를 잽니다. 화성과 지구 중력의 비율에 맞추어 지름 2.5미터짜리 풍선에 공기보다 가벼운 헬륨 가스를 주입합니다. 여러 개의 헬륨 풍선을 하나의 줄에 결속한 뒤 실험자의 몸에 매달면 발이 지면에서 뜹니다. 이렇게 가상의 화성 중력 환경을 만들고 풍선을 단 상태에서 걷기, 뛰기, 떨어진 물건 줍기 등의 훈련을 진행합니다.

애니메이션 〈업Up〉에서 수천 개의 헬륨 풍선을 집에

매달아 하늘을 나는 장면이 연상되었습니다. 모두들 화성을 사뿐히 걷는 기분을 느끼고 싶었겠지만 바람이라는 변수가 있었습니다. 풍속과 풍향을 고려하지 못해서 풍선은 사방으로 움직였고 풍선과 우주복을 연결하는 로프의 무게를 잘못 계산해 풍선이 높게 뜨지 않았습니다. 그날 밤 원인을 분석하기 모였습니다. 최선을 다했지만 처음 실패를 경험한 크루들은 지친 기색이 역력했습니다. 우주생리의학을 연구하는 일라리아 사령관이 말했습니다.

"MDRS에는 성공하려고 오는 게 아닙니다.
여기는 언젠가 다가올 첫 번째 화성 유인 탐사를
위해 실패의 경험과 데이터를 모으는 곳입니다.
지난 20년간 수백 명의 과학자가 MDRS에
온 이유도 바로 실패를 수집하기 위해서입니다."

만약 한 번의 성공 경험을 가지고 화성에 갔을 때 실험한 대로 결과가 나오지 않으면 큰 문제가 생기겠지요. 화성에서 발생할 수 있는 모든 경우의 수를 가정해 실험하고 실패하는 과정에서 우리는 화성 유인 탐사에 한 걸음 더 다가갈 수 있을 겁니다.

마지막 날 우주복을 벗고 맨몸으로 에어록을 열던

순간이 기억납니다. 첫날의 답답함 대신 포근함이 느껴졌습니다. 화성을 여행하고픈 당신에게 이 말을 전해주고 싶습니다. "지구와 다른 중력을 조심하세요." 그런 의미에서 태연이 부른 〈그래비티Gravity〉를 보내드립니다.

블루오리진 뉴 셰퍼드 캡슐.

이제 우주여행은
가벼운 짐만 챙겨서

순백의 설원에서 올려다보는 오로라, 지중해 해변에서 마시는 레몬에이드는 생각만으로도 기분이 좋아집니다. 목적지가 어디든 우리는 가끔씩 자신이 상상의 공간에 있는 모습을 떠올립니다. 만약 그곳이 우주라면 어떤 장면을 그릴 수 있을까요? 우주에 가본 적이 없던 시절에는 우주선도 우주 비행사도 떠올리기 어려웠을 겁니다. 상상은 현실의 산물인 만큼 커다란 열기구를 타거나 대포에 몸을 싣고 우주에 가는 모습을 떠올리기도 했겠지요.

소설가 쥘 베른Jules Verne은《지구에서 달까지De la terre

à la lune》에서 우주를 보기만 하는 대상이 아니라 갈 수 있는 곳으로서 묘사했습니다. 소설 속 사람들은 대포를 이용해 달에 갑니다. 훗날 대포는 로켓을 발명하는 데 큰 영감을 주었고 100년 뒤 아폴로계획에도 영향을 주었습니다. 아폴로계획이 성공하면서 우주는 더 이상 상상 속 풍경이 아니게 되었습니다. 머지않아 누구나 저렴한 비용으로 우주여행을 갈 수 있을 거라는 환상을 심어주었습니다.

1960년대 팬 아메리칸 항공(팬암)은 달을 목적지로 첫 번째 예약자를 받았습니다. 아폴로계획으로 달에 대한 관심이 높던 때라 9만 3,000개 이상의 퍼스트문플라이트 First Moon Flights 클럽 카드를 발행했습니다. 우주선도 없던 시절에 무슨 일이 있었던 걸까요? 1964년 오스트리아 언론인 게르하르트 피스터Gerhard Pfister가 비엔나 여행사에 달에 가고 싶은데 팬암 비행기를 예약해달라고 요청합니다. 황당한 이야기였지만 여행사는 팬암에 게르하르트의 예약 사항을 그대로 전달했습니다.

당황스러운 예약을 받은 팬암의 반응은 어땠을까요? 당시 항공사 홍보가 필요했기에 관심을 보였고 달에 가는 첫 번째 항공편이 2000년에 출발한다고 회신했습니다. 아폴로 11호가 달 착륙에 성공하자 게르하르트의 예약을 계기로 팬암은 라디오와 TV에 달 여행 대기자를 모집한

다며 대대적인 광고를 시작했습니다.

그런데 대기자 신청이 폭증하는 결정적인 사건이 벌어집니다. 1968년 스탠리 큐브릭Stanley Kubrick 감독의 영화 〈2001: 스페이스 오디세이2001: A Space Odyssey〉에 가상의 팬암 오리온 II 우주선이 나오면서 사람들은 현실과 가상을 혼동하며 팬암의 달 여행에 더 큰 관심을 보였습니다. 급기야 대기자가 2만 5,000명까지 늘어나자 팬암은 신입 회원들에게 편지를 보내 첫 비행이 시작되기 전에 해결할 문제가 있다며 비용이 아직 정해지지 않았지만 상상을 초월할 만큼 비쌀지 모른다고 장난스럽게 경고했습니다.

그 후에도 항공사의 유쾌한 마케팅이라고만 보기에는 너무 많은 대기자가 몰렸습니다. 미국은 물론이고 가나, 아이슬란드, 뉴질랜드, 파키스탄, 에콰도르 등 다양한 나라에서 예약이 폭주했습니다. 클럽 카드 발급자 중에는 로널드 레이건 대통령도 있었습니다. 이후 팬암은 1971년 재정적인 이유로 회사가 어려워지자 카드 발급을 중단했습니다. 지금까지 달 여행은 실현되지 않았지만, 지구를 넘어 우주로 여행하려는 인간의 욕망을 보여주는 것 같습니다. 현재 팬암 클럽 카드는 수집가들 사이에서 고가에 거래된다고 합니다.

2000년대 이전까지 우주여행은 우주 비행사만 할

수 있는 특별한 경험이었습니다. 몇 차례 민간 기업에서 일반인을 우주로 보낼 궁리를 했지만 NASA는 우주여행에 반대하는 분위기였습니다. 비용이 많이 드는 건 차치하더라도, 우주에 가는 것은 위험한 일이라고 경고했습니다. 겉으로 표현하지 않았지만 상업적 우주 비행이 자신들의 고유 영역을 침범한다고 생각했습니다. 이런 분위기는 한동안 이어졌습니다.

하지만 재정난으로 어려움을 겪던 러시아가 민간 우주여행 프로젝트를 추진하면서 우주에 관심 있는 백만장자들이 움직이기 시작했습니다. 2001년 4월 30일, 미국의 백만장자 데니스 티토Dennis Anthony Tito가 러시아 소유즈 로켓을 타고 국제우주정거장에 도착해 세계 최초의 우주 관광객이 되었습니다. 당시 60세였던 데니스 티토는 NASA 출신 엔지니어였습니다. NASA에서 일하는 동안 화성 탐사선 매리너 4호와 5호 프로젝트에 참여했습니다. NASA에서 일했던 영향도 있겠지만 그는 한 인터뷰에서 유명해지기 위해 우주에 간 것이 아니라 1961년에 세운 목표를 이루었을 뿐이라고 대답했습니다.

그렇다면 1961년도에는 무슨 일이 있었을까요? 바로 소련의 우주 비행사 유리 가가린이 최초로 우주에 갔던 해입니다. 티토는 NASA를 나온 뒤 투자금융 회사를 만들어 많은 재산을 모았습니다. 우주여행에 대한 관심과 217억 원의 티켓 비용을 지불할 재력을 동시에 갖춘 보기 드문 사람이었습니다. 그는 우주 비행에 필요한 훈련은 물론, 러시아어를 익힌 뒤 러시아 소유즈 TM32호에 탑승해 국제우주정거장으로 출발했습니다.

사비를 들여 참여한 우주여행이었지만 여행자를 위한 배려는 없었습니다. 그가 탄 소유즈 우주선에는 국제우주정거장으로 보낼 화물과 두 명의 러시아 우주 비행사가 함께 있었습니다. 티토는 우주정거장에서 8일간 체류했습니다. 창문을 통해 검은 우주와 파란 지구를 보며 인생 최고의 순간을 경험했습니다. 지구로 돌아온 그는 기대했던 것보다 열 배는 좋았다고 전했습니다.

티토 이후 여섯 명의 민간인이 우주여행이 참가했습니다. 전설적인 RPG 게임 울티마Ultima를 개발한 리처드 개리엇Richard Garriot도 그중 한 명이었습니다. 미국의 우주정거장 스카이랩 3호의 우주인 오웬 개리엇Owen Garriott의 아들인 그 역시 아버지의 영향으로 우주에 대한 관심이 컸습니다. 국내 게임 기업 엔씨소프트에 스카우트되었던 개리엇은 게임 개발 도중 우주에 가기 위해 퇴사해 화제가 되기도 했습니다. 아버지의 뒤를 이어 우주에 다녀온 그의 삶도 많은 변화가 있었습니다. 지구로 돌아온 그는 아마존, 남극, 심해 열수구를 탐험했고 2021년에는 지구에서 가장 깊은 바다인 마리아나해구 탐사를 다녀왔습니다. 현재 리처드 개리엇은 세계 최대 탐험가 커뮤니티인 '탐험가 클럽Explorer club'의 회장을 맡고 있습니다.

당시 우주여행은 스페이스 어드벤처사가 담당했습니다. 2009년 이후로는 신청자가 없었습니다. 미국의 우주왕복선 프로그램이 종료되면서 우주로 가는 유일한 수단이 소유즈가 되면서 민간인을 태울 공간이 없어진 것입니다. 결국 우주여행을 하려면 여행자가 감당할 수 있을 정도의 비용에, 안전한 우주선이 있어야 된다는 결론을 얻었습니다.

NASA도 2019년에 우주여행자에게 국제우주정거장을 개방할 계획을 발표하는 등 우주여행에 대한 인식을 바꿨습니다. 이러한 변화는 기업가들의 가슴에 불을 지폈습니다. 영국 버진 그룹의 창업자 리처드 브랜슨Sir Richard Charles Nicholas Branson은 자회사인 버진 항공을 운영하며 대중화된 우주여행에 관심을 보입니다. 러시아 우주여행 프로그램에 참여 제안도 받았지만 우주에 가려면 사전 준비에 많은 시간이 필요해 선뜻 참가할 수 없었습니다.

그는 바로 이 점이 우주에 가는 걸림돌이라고 판단했습니다. 해외여행을 갈 때 가벼운 짐만 챙겨서 비행기

창문을 열면, 우주

를 타는 것과 달리, 우주여행은 우주 비행사에 준하는 훈련을 받아야 했습니다. 그리고 위험을 감수하고 지구궤도까지 다녀올 필요 없이 지상 100킬로미터 상공인 준궤도에 올라가 무중력 체험을 하고 지구를 내려다볼 수 있으면 충분하다고 생각했습니다.

스페이스X가 생기고 2년 뒤인 2004년도에 리처드 브랜슨은 버진갤럭틱을 세웁니다. 스페이스X와 블루오리진이 재사용 발사체 개발에 집중할 때 그는 전혀 다른 전략을 고수합니다. 로켓을 지상에서 발사하지 않고 모선인 스페이스십이 우주선을 매달고 최대한 높은 고도까지 올라간 뒤 모선에서 우주선을 분리시킵니다. 모선과 분리된 우주선은 로켓 추진으로 목적지인 우주 경계선까지 올라갔다가 다시 미국 뉴멕시코주에 있는 우주 공항 스페이스 포트 아메리카 활주로에 착륙하는 방식입니다.

버진갤럭틱은 발사체를 만들 필요가 없기 때문에 우주여행 비용을 2억 원대로 낮출 수 있었습니다. 버진갤럭틱이 무인 시험비행에 성공하자 예약자가 몰리기 시작했습니다. 레오나르도 디카프리오, 브래드 피트, 저스틴 비버 같은 유명인을 비롯해 700명이 넘는 사람들이 이미 상품을 구매했고 대기자는 수천 명에 이릅니다. 2021년까지 버진갤럭틱은 세 번째 유인 시험비행에 성공했고 빠르면 2022년에 첫 우주여행을 시작한다고 합니다. 발사에서 착륙까지 한 시간 남짓 걸리는 준궤도 우주여행은 구매자 입장에서 분명 매력적일 것입니다.

블루오리진 창업자 제프 베조스도 그 점을 준궤도 우주여행의 장점으로 보고 준궤도 비행이 가능한 뉴 셰퍼드New Shepard 우주선을 개발했습니다. 하지만 버진갤럭틱과 달리 로켓에 우주선을 싣고 발사하기로 합니다. 궁극적으로 행성까지 가는 우주여행이 가능하려면 가장 기본이 되는 재사용 가능한 발사체가 필요하기 때문입니다. 우주선의 이름에서 알 수 있듯이 그는 아폴로계획의 신봉자입니다. 미국 최초로 우주에 다녀온 우주 비행사 앨런 셰퍼드의 이름을 따서 우주선의 명칭을 달았습니다. 현재 개발 중인 궤도 비행 로켓은 뉴 글렌New Glenn이고, 미국 최초로 궤도 비행을 한 우주 비행사 존 글렌의 이름에서 가져온 것입니다. 지금은 고인이 된 존 글렌은 자신의 이름을 딴 로켓을 만든 데 대해 블루오리진에 감사를 표현했습니다.

블루오리진은 2021년 7월 20일 뉴 셰퍼드를 위시해 최초의 민간 우주여행을 시작합니다. 지상 100킬로미터 상공에서 3분간 무중력 체험을 하고 우주선의 큰 창문을 통해 지구를 바라볼 예정입니다. 제프 베조스는 동생 마크 베조스와 함께 우주에 갈 탑승권 한 장을 경매에 내놓았습니다. 50억 원에서 시작되어 최종 312억 6,000만 원에 낙찰되었고 수익금은 모두 자사의 재단에 기부한다고 합니다. 민간 기업의 참여로 결국 우주여행 비용은 더 내려가고 우주 분야에 투자도 늘어날 겁니다.

이런 긍정적 신호가 이어진다면 지구궤도 여행을 넘어 화성 여행도 현실화될 것 같습니다. 재사용 로켓과 민간 유인우주선 개발에 성공한 스페이스X의 다음 종착지는 화성입니다. 단순한 체험 여행이 아니라 화성에 100만 명 넘는 사람을 이주시킬 계획입니다. 화성 여행이 가능하려면 우선 가본 적이 있는 달까지 다녀오는 연습이 필요합니다.

스페이스X는 달과 화성을 여행할 대형 우주선 스타십을 개발하고 있습니다. 스타십은 우주선과 슈퍼헤비 로켓이 결합된 재사용이 가능한 운송 시스템입니다. 준궤도 우주선이 경비행기라면 스타십은 보잉 747급 여객기입니다. 발사체와 우주선을 합치면 높이가 50미터에 달합니다. 이런 거대한 구조물을 지구궤도까지 올리려면 강한 추진력이 필요합니다.

스페이스X는 스타십의 시제품인 SN Starship Serial Number을 만들어 시험비행을 하고 있습니다. 최종 목표는 1회 발사로 5,000톤의 화물과 약 100명의 사람을 화성으로 보내는 겁니다. 팰컨헤비 로켓을 토대로 만든 스타십 시제품은 2020년 12월 첫 시험 발사에 실패했습니다. 그러나 다섯 번 만에 지상 10킬로미터 지점까지 상승한 스타십을 발사대로 회수하는 데 성공했습니다.

이미 다른 기업에 비해 재사용 로켓 개발에 앞선 스페이스X도 2020년, 달 여행 상품을 공개했습니다. 여덟 명이 탑승 가능한 여행 상품의 첫 구매자는 일본의 억만장자 마에자와 유사쿠Maezawa Yusaku로, 탑승권을 전부 샀습니다. 그는 달 여행에 같이 갈 예술가를 모집한다고 합니다. 경이로운 체험을 혼자 하는 것보다 창의적인 작업을 하는 예술가들과 함께하면 더 큰 영감을 얻을 수 있다는 뜻이겠지요.

이제 마지막으로 남은 목표는 별과 별 사이를 오가는 항성 간 우주여행입니다. 영화 〈인터스텔라〉에서 웜홀을 이용해 왜곡된 우주 공간을 통로 삼아 다른 우주로 가는 모습을 보았지만 아직 뚜렷하게 그려지지 않습니다. 하지만 반세기 전까지 우주여행은 상상일 뿐이었습니다. 그 상상의 세계에 기술의 진보와 혁신가의 노력이 더해져 바로 눈앞으로 다가왔습니다. 이제 우리는 다시 상상의 나래를 펼쳐야 합니다. 그것이 저 너머에 있는 또 다른 우주를 만나는 유일한 방법일 테니까요. 우주여행을 꿈꾸는 여러분을 위해 프랭크 시나트라Francis Albert Frank Sinatra가 부른 〈플라이 미 투 더 문Fly Me to the Moon〉을 선곡했습니다. 아폴로 11호 우주 비행사 버즈 올드린은 달에서 이륙할 때 이 노래를 들었다고 합니다.

5부.

우리는
모두
우주인.

"솔직히 화성, 달,

그 어디라도 가고 싶습니다."

대기권을
탈출하다

한국 최초 우주인
이소연 박사

NASA의 전유물이던 로켓과 우주선을 만드는 민간 우주 기업의 엔지니어부터 우주의 경이로움을 알기 쉽게 전해 주는 과학 커뮤니케이터까지, 이제 우주는 더 이상 과학자만의 무대가 아닙니다. 경계가 빠르게 사라지고 있습니다. 그렇다면 지구에만 직업이 있을까요? 물론 아닙니다. 우주에도 있습니다. '우주를 무대로 일하는 사람들' 하면 어떤 직업이 떠오르시나요? 가장 먼저 우주인을 생각할 수 있겠습니다.

  새로운 우주 시대를 맞이하는 지구인들에게 최고의

멘토가 되어줄 특별한 분을 소개하고 싶습니다. 우주인 이소연 박사님은 대한민국 최초로 우주라는 시공간에 머물다 오셨습니다. 박사님과의 인연은 '유리스나이트Yuri's Night'라는 우주 파티에서 시작되었습니다.

유리스나이트는 1961년 4월 12일, 인류 최초로 우주 비행에 성공한 러시아 우주인 유리 가가린을 기념하기 위해 전 세계에서 개최되는 우주 이벤트입니다. 2000년 로스앤젤레스에서 처음 시작되었고, 한국에서는 2011년 이소연 박사님이 호스트로 첫 행사가 열렸습니다. 전국 각지에서 참가한 100여 명의 사람들이 우주를 주제로 다양한 지식과 경험을 나눌 수 있었던 자리였습니다.

문경수 ___ '진짜' 우주인을 만나게 되어 감회가 새롭습니다. 2008년, 4월 8일부터 4월 19일까지 11일간 우주를 비행하고 귀환하셨는데요, 국제우주정거장에 다녀오신 지 벌써 10년이 넘었습니다. 당시 우주에서 바라본 지구는 어떤 느낌이었나요?

이소연 ___ 저는 지상 400킬로미터 상공에서 하루에 지구를 열여섯 바퀴 회전하는 국제우주정거장에서 9일간 체류하고 과학 실험을 수행했습니다. 발사 후 정거장에 도착하기까지 이틀이 필요하니 총

창문을 열면, 우주

11일간 우주에 머물다 왔습니다.

　　한마디로 표현하기 힘든 묘한 감정이 들었습니다. 서울에 사는 사람이 남산타워에서 야경만 바라봐도 온갖 생각이 들 겁니다. '수많은 집 가운데 왜 내 집은 없을까'부터 '여기만 올라와도 세상은 평화롭고 고요한데 왜 싸울까'까지. 높은 곳에서 아름다운 정경을 보면 누구라도 마음이 평온해지지 않을까요?

　　하지만 우주 궤도에서 지구를 내려다보면 더 이상 지구는 내가 속한 곳이 아니라, 바라보는 대상이 됩니다. 마치 영혼이 빠져나와 자신의 모습을 보는 유체 이탈의 느낌 같다고 할까요. 내가 사는 곳이고 절대 떠날 수 없다고 생각했던 지구를 벗어나 밖에 나와 있는 내 자신을 마주하게 되었습니다. 항상 힘들게 살았던 삶이 다른 사람의 것처럼 생각되었습니다.

　　광활한 우주 공간에서 바라본 지구는 경계도 없었고 고요했습니다. 우주 비행사들이 왜 '우주에 다녀온 느낌을 듣고 싶다면 시인이나 작가를 데려가야 한다'고 말했는지 이해했습니다. 아무리 노력해도, 우주에 다녀온 느낌을 어떻게 설명해야 할지는 고민되거든요.

문경수___산악인들이 처음 정상에 올랐을 때 '나는 지구를 밟았다'고 합니다. 박사님께는 '지구를 보았다'는 표현이 더 어울릴 것 같습니다. 우주에서 체류하는 동안 기억에 남는 일이 있으신가요?

이소연___남산에 올라가면 우리 집 위치를 찾는 것처럼, 누구나 가장 먼저 '나'에게 친근한 것을 찾게 되고 밖에서는 어떻게 보일지 궁금해할 겁니다. 우주인들은 자신의 국가 상공을 지날 때를 기다립니다. 국제우주정거장은 초속 8킬로미터로 움직이기 때문에 한국처럼 작은 나라는 잠깐 한눈팔면 시야에서 사라집니다.

대한민국을 내려다보면서 분단국가라는 생각이 많이 들었습니다. 그동안 북한에 대해 진지하게 생각해본 적은 없었지만, 우주에서 볼 때의 느낌은 달랐습니다. 낮 시간의 한반도 풍경은 비슷하지만 밤이 되면 확연한 차이가 생깁니다. 도심의 불빛이 가득한 땅은 대한민국이고, 그 위로 펼쳐진 칠흑 같은 어둠의 땅은 북한이었습니다. 제가 대한민국에서 태어난 것에는 어떠한 조건이 필요하지 않았듯이, 북한의 아이들 역시 어떠한 조건 없이, 태어나 보니 북한이었을 겁니다.

창문을 열면, 우주

어떤 면에서 세상이 불공평하다는 생각이 들었어요. 인간은 모두 자신이 가진 것에 100퍼센트 만족하지 못하고, 항상 불만이 있습니다. 우주에서 지구를 보며 많은 것에 감사해야 한다는 마음을 갖게 되었습니다. 나보다 더 힘든 곳에 태어난 사람은 나를 어떻게 바라볼까. 내 자신이 한없이 작아지는 느낌이 들었습니다.

문경수　　우주인 훈련부터 국제우주정거장 생활까지, 많은 이들과 함께 활동하셨습니다. 특별한 동료를 소개해주시겠습니까?

이소연　　먼저 같이 비행한 사람들이 기억납니다. 소유즈 로켓을 타고 함께 올라갔던 두 명의 러시아 우주인과 지구로 귀환할 때 함께했던 러시아 우주인, 미국 우주인이 있었습니다. 가장 기억에 많이 남은 이들은 예비 우주인으로 함께 훈련을 받았던 러시아 우주인들입니다. 같이 훈련하던 예비 우주인 중에는 비행 시기가 정해지지 않은 사람도 있었거든요. 그런데 발사 한 달 전에 갑자기 제가 예비 우주인에서 비행 우주인으로 결정되어 먼저 우주로 가게 되어서 미안한 마음이 들었습니다.

그리고 국제우주정거장에 만난 사령관 페기 윗

슨Peggy Whitson도 생각납니다. 당시 미국 우주 비행사 중에서 가장 오래 우주 비행을 하셨고 현역 미국 우주 비행사들이 가장 존경하는 분으로 꼽았던 우주인이었습니다. 우주인 가운데 여성이 드문데, 국제우주정거장 사령관이 여성인 페기여서 마음이 편하고 의지가 되었습니다. 물심양면으로 도움을 많이 받았고요. 한 달 전에 비행 우주인으로 결정된 상황이어서 짐을 거의 가지고 오지 못했거든요. 한번은 제 옷 색깔이 어둡다며 자신의 밝은색 옷을 주시더라고요.

문경수 ____ 우주에 간다는 것은 분명 가슴 벅찬 일입니다. 국제우주정거장에서의 생활은 어떤 것인지 궁금합니다.

이소연 ____ 힘듭니다. 좋은 일에 대가는 늘 따른다고 생각합니다. 최초로 우주에 가는 것이 특별한 만큼 어려움은 당연합니다. 어려움이 없다면 특별하지 않다고 봅니다. 힘든 과정이 있어야만 다음에 선발된 우주인에게 조언할 부분이 생깁니다. 그만큼 책임감을 느꼈습니다. 가끔은 우주탐사에 대한 경험이 적기 때문에 피할 수 있는 부분도 피하지 못하는 경우가 있습니다. 저는 우주인 생활을 하면서 계속 다음 우주인에게 전할 노하우를 고심했던 것 같습니

창문을 열면, 우주

다. 결과적으로 이런 고민이 미래의 우주인 사업에 도움이 될 겁니다.

후속 우주인 사업도 결국 우리 모두가 얼마나 과학과 우주에 관심을 갖느냐에 따라 결정된다고 생각합니다. 프로 축구 선수에게 축구를 잘하는 방법을 물어보면 축구를 좋아하는 아마추어 선수층이 두터워야 한다고 말합니다. 우주 분야도 마찬가지 겠지요. 전문가뿐만 아니라 과학을 즐기고 좋아하는 일반인이 많아야 발전합니다. 제가 늘 강연 말미에 우주 분야에 많은 관심을 부탁드리는 이유이기도 합니다.

문경수 최근 스페이스X, 블루오리진 등 민간 우주 기업의 활동이 활발합니다. 이런 흐름을 어떻게 보고 계신가요?

이소연 부럽죠. 단순히 이런 기업들의 성과만 보면 안 됩니다. 우주 발사체를 만드는 스페이스X는 창업 10년 차가 되어서야 수익을 내기 시작했습니다. 우주 분야는 단기간에 성과를 내기 어렵습니다. 오랜 노력과 기다림의 시간이 필요합니다. 결국 사회가 이런 분위기를 얼마나 허용해주느냐가 중요한 것 같습니다.

우리나라는 우주 기술 개발에 대한 역사가 짧아서 분명 한계도 있습니다. 이를 극복하려면 이미 성공한 모델을 가까이서 보고 배워야 합니다. 이런 부분에서, 한국 최초 우주인으로서 책임감이 따른다고 생각합니다. 제가 우주에 간 것을 보고 자란 학생들이 우주산업에 뛰어들 때쯤에는 우리나라에도 멋진 우주 기업이 많아졌으면 좋겠습니다. 그런 기업들이 생겼을 때 실질적으로 도움이 되고 싶어서 실리콘밸리에 있는 인공위성 기업과 협업을 하고 있습니다. 또 블루오리진과 스페이스X에 과거 우주인 동료나 친구들이 많이 근무해서 자주 만나 듣고 배우는 중입니다. 이런 시간과 경험이 국내 우주산업에 대한 가이드 역할을 했으면 좋겠습니다.

문경수　'우주산업'이라고 하면 주로 로켓이나 우주선을 만드는 일을 떠올립니다. 우주 분야가 직업으로서 어떻게 확대될 수 있을까요?

이소연　얼마 전까지만 해도 전자 제품은 전자과 졸업생이 만들고 예술은 예술가만 하는 특별한 행위였습니다. 하지만 지금은 다릅니다. 평범한 아저씨가 차고에서 만든 제품이 대박 나고 유명 유튜브 채널이 공중파 방송의 인기를 이기는 시대가 왔습니다. 우주도 마찬가지라고 봅니다. 이 분야를 미국과 러시아 같은 우주 강대국들만 하는 것으로 여기는 시대는 지났습니다. 요즘 세대는 학교에서 로켓과 인공위성의 원리를 배웠으면 직접 만들어보는 분위기입니다.

10년 전에 발사한 인공위성의 성능이 지금의 스마트폰보다 낮습니다. 우리는 누구나 손 안에 우주를 갖고 있는 셈입니다. 우주인 훈련 프로그램을 개인 트레이닝 프로그램으로 맞춤화하거나 국제우주정거장에서 사용하는 3D 프린터를 제작하는 기업들이 등장하고 있습니다. 이제 로켓과 우주선이 없어도, 우주와 협업할 수 있는 문턱이 낮아졌습니다. 실제로 제 친구는 모바일앱으로 우주 관련 교육을 하는 서비스를 만들어 상용화를 준비하고 있습니다.

<u>문경수</u>　지금 화성에 갈 기회가 있다면 어떻게 하시겠습니까?

<u>이소연</u>　혼자서 결정한다면, 가고 싶습니다. 다녀오는 기간이 꽤 길어서 남편이 찬성할지 잘 모르겠습니다. 러시아에서 소유즈 로켓을 탈 때와 비슷한 느낌이네요. 어머니께서 우주에 가다가 사고라도

나면 어떻게 하느냐고 물어보셨습니다. 그래도 내가 최초로 우주에 가다 사고가 나는 거면 괜찮다고 말씀드렸다가 혼이 났습니다.

솔직히 화성, 달, 그 어디라도 가고 싶습니다. 개인적인 욕심으로는 달에 갔다 온 사람들이 부러워할 만한 화성에 가면 어떨까 합니다. 화성이나 달 탐사도 공동 파트너로 참여할 기회가 많아지고 있습니다. 미국에서 민간 기업의 참여가 늘고 있으니 우리에게도 좋은 기회가 될 겁니다.

아폴로 13호 사령관인 제임스 러벌은 이렇게 말했습니다.

"지구를 떠나보지 않으면, 우리가 지구에서 가지고
있는 것이 진정 무엇인지 깨닫지 못한다."

이소연 박사님과 대화를 나누며 우주탐사의 본질을 생각해봅니다. 인간은 왜 우주에 가려고 할까요? 누군가는 호기심을 따른다고 말할지 모르지만, 결국 인간의 유일한 거주지인 지구를 한 걸음 떨어져 보기 위함이 아닐까요.

창문을 열면, 우주

우주정거장에 다녀온 우주인과 우주적 대화를 나누었으니, 이번에는 김국환이 부른 〈은하철도 999〉를 골랐습니다. 국제우주정거장이 만들어지기 전인 1970년대 노랫말에 우주정거장이 등장합니다. 상상은 늘 현실을 앞서가는 듯합니다.

"문제가 복잡할수록
푸는 방식이 더
재미있어집니다."

심우주 탐사선의
GPS

NASA 제트추진연구소
이주림 연구원

천문학자 칼 세이건은 《코스모스》에 '어디선가 굉장한 것
이 알려지기를 기다리고 있다'고 말했습니다. 영화 〈콘택
트〉의 모델이 된 천문학자 질 타터 Jill Cornell Tarter는 '광활한
우주에 우리뿐인가'라며 보다 근원적인 질문을 하기도 했
습니다. 우주는 인류에게 여전히 미지의 영역입니다. 지
난 수 세기 동안 끊임없이 우주를 탐구했지만 우리가 아
는 우주의 물질은 여전히 4퍼센트밖에 되지 않습니다. 나
머지 96퍼센트는 확인되지 않은 암흑물질로 이루어져 있
고요.

미지의 대상을 탐구하는 인간의 궁금증은 이제 달을 넘어 태양계 탐사로 확장되고 있습니다. 그래서 우주 탐사의 최전선에서 활동하시는 NASA 제트추진연구소의 이주림 연구원의 이야기를 들어보려고 합니다. 제트추진 연구소는 태양계 탐사선과 로봇을 만드는 연구 기관입니다. 이곳에서 개발한 우주선은 태양계의 모든 행성을 탐사했습니다. 우리가 흔히 접하는 태양계 행성의 관측 자료는 전부 여기서 나왔다고 생각하면 됩니다. 그렇다면 태양계 행성을 탐사하는 연구소에서는 정확히 어떤 일을 할까요? 그리고 그들이 밝혀낸 우주의 신비는 무엇일지 궁금합니다.

문경수___NASA 제트추진연구소는 SF영화에 자주 등장해서 많은 분들이 알고 계실 겁니다. 이곳에서 주로 어떤 연구를 하시나요?

이주림___저는 미국 내 위치한 NASA의 10개 우주센터 중 한 곳인 제트추진연구소에서 내비게이션 엔지니어로 일합니다. 영화〈마션〉에 나오는 리치 퍼넬이라는 인물이 바로 이 직업을 가졌습니다. 지구와 화성을 오가는 우주선의 궤도를 계산해서 화성에 고립된 주인공을 무사히 지구로 귀환시키는 역할을 했지요. 그분이 실제로 NASA에 계셨다면 저희 부서에서 일했을 겁니다.

저는 우주탐사 미션을 수행할 때 우주선의 비행 궤도를 설계해 연료를 가장 적게 써서 효율적으로 과학 목표를 이룰 수 있도록 돕는 연구를 합니다. 우주선이 발사된 후에도 정해진 궤도를 따라 잘 비행하는지, 만약 이탈했다면 다시 궤도를 설계해서 원 궤도로 돌려놓는 일을 합니다. 단순한 수학적 계산이 아닌 우주선이 궤도를 따라가게 만드는 작업입니다. 궁극적으로 제가 하는 일은 심우주 탐사선의 GPS 역할에 해당합니다. 그래서 수학 계산과 프로그래밍을 하며 대부분의 시간을 보냅니다. 최근 참여한 미션은 고정형 화성 탐사선 인사이트호의 내비게이션 임무입니다.

문경수_____ 그동안 참여하신 미션들을 소개해주시겠습니까?

이주림_____ 먼저 스맵SMAP이라는 미션이 있습니다. 지구에 있는 모든 토양의 물을 측정하는 탐사선의 궤도를 설계했습니다. 지구 표면의 토양 수분 정보를 수집해 날씨나 가뭄, 기후를 예측 및 모니터하는 임무였습니다. 그리고 큐브 위성 미션인 아스테리아ASTERIA에도 참여했습니다. 소형 위성Cubesat으로 태양계 밖에 있는 외계 행성Exoplanet을 찾는 계획입니다.

저는 NASA 제트추진연구소의 'A-Team(JPL Innovation Foundry)' 인턴으로 일을 시작했습니다. 과학자들의 아이디어가 콘셉트 단계일 때 여러 분야의 엔지니어들이 모여 미션의 가능성을 연구하는 팀이었습니다. 그 뒤 현재 소속되어 있는 항법팀으로 옮겼고, 우주망원경 미션 운행을 수행했습니다. 우리에게 익숙한 케플러망원경Kepler Space Observatory, 스피처망원경Spitzer Space Telescope, 찬드라엑스선 망원경Chandra X-ray Observatory 항법팀에서 일했습니다.

지금은 인도 우주 연구 기관ISRO과 NASA의 협력 미션NISAR을 하고 있습니다. 그 밖에도 화성 궤도선 미션인 메이븐MAVEN과 오디세이Odyssey에 참여합니다.

문경수　고정형 탐사선 인사이트호가 화성에 도착한 지 1년이 지났습니다. 그동안의 성과와 이 탐사선이 어떤 과정을 거쳐 화성으로 갔는지 말씀해 주시겠습니까?

이주림　NASA 내부 규정상 탐사 결과가 확인

된 내용만 말씀드릴 수 있습니다. 인사이트호는 다른 탐사선과 달리, 화성의 내부를 탐사하러 갔습니다. 화성에서 지진활동을 측정했고, 바람 소리도 녹음해서 보냈습니다. 사실 항법팀은 착륙선이 무사히 도착하면 임무가 끝나고 다음 프로젝트를 준비합니다.

항법팀은 효율적인 궤도를 디자인하고 탐사선이 그 궤도를 잘 따라가도록 추적하고 재디자인합니다. 효율적인 궤도란 가급적 연료를 적게 쓰면서 과학의 목적을 달성하는 것입니다. 탐사선의 총 무게는 발사 로켓이 얼마큼의 무게를 지구의 중력 밖으로 벗어나게 할 수 있는가로 정해집니다. 탐사선의 궤도가 효율적으로 디자인되어야 싣고 갈 연료의 무게를 줄일 수 있고 그럴수록 탐사 장비Science instrument를 탐사선에 더 넣을 수 있습니다. 즉, 작은 로켓으로 지구의 중력을 벗어날 수 있게 되기 때문이지요. 효율적인 궤도 디자인을 위해 다른 행성의 중력을 이용Gravity Assist하기도 하고 행성 간 거리가 짧아지는 시기를 이용하기도 합니다.

애초에 인사이트호는 2016년 발사였는데 부품하나에 중대한 결함이 생겨 점검한 뒤 지구와 화성

의 거리가 다시 가까워지는 시기를 기다려 2018년
에 발사했습니다. 그래서인지 저로서는 인사이트 미
션에 애정이 큽니다. 착륙 당일의 기억이 생생합니
다. 착륙 성공 신호가 도착했을 때 관제센터에서 인
사이트 랜딩팀 로고가 박힌 유니폼을 입고 환호했습
니다. 미션 콘셉트 확정, 디자인 및 계획, 발사, 착륙
이후 과학 탐구를 시작할 때까지 보통 10년 이상이
걸립니다. 그 오랜 시간의 기다림 끝에 화성 대기권
에 진입하고 나면 착륙하기까지 '공포의 7분'을 숨죽
이고 기다립니다. 화성 탐사선이 착륙한 후 성공 여
부 데이터를 보내면 이것이 지구에 전달되는 데 약
7분이 걸립니다. 또한 탐사선이 진입, 하강, 착륙 과
정을 밟는 데는 7분 정도 걸립니다.

즉, 탐사선이 "저 화성 대기권 진입했습니다"라
고 보낸 신호를 지구에서 받는 순간은, 이미 탐사선
이 화성 표면에 도착한 상황입니다. 탐사선이 잘 도
착하여 살아 기다리고 있을 수도 있지만 미션을 실
패한 상태로 기다리고 있을 수도 있습니다. 그리고
무사히 착륙했더라도 계획한 과학 실험을 바로 시작
할 수 있는 것이 아닙니다. 착륙 후 탐사선의 안정화
작업까지 끝나야 비로소 시작됩니다. 이런 시간들을

생각하면 탐사선이 성공적으로 착륙할 때마다 과학자들이 눈물을 흘리며 기뻐하는 모습이 이해되실 겁니다.

문경수 새로운 화성 탐사선 퍼서비어런스의 미션은 무엇인가요?

이주림 화성에 예전에 존재했던 생명체의 흔적 가능성을 연구합니다. 생명체 존재 여부를 확인하려면 결국 물이 있는지를 탐사해야 합니다. 만약 화성에 생명체가 없다고 밝혀지면, 다시 생명체가 살았던 적이 있는지 질문합니다. 즉, 확인된 결과를 바탕으로 질문과 가설 수립을 반복적으로 수행합니다.

또 하나 중요한 미션은 인류가 화성에 거주하기 위한 준비를 시작하는 것입니다. 인간이 화성에서 지내려면 거주 가능한 환경에 대한 이해가 필요합니다. 좀 더 자세히 화성을 파악하기 위해 토양 샘플을 수집해 지구로 가져올 계획입니다. 화성에서 가져온 토양을 지구의 과학자들이 분석해서 최종적으로 화성에 인간을 보내도 되는지 결정할 겁니다.

문경수 NASA에는 한국인 과학자가 얼마나 있는지 궁금합니다.

이주림 인사 부서에서는 공식적으로 언급하

지 않는다고 합니다. 한 연구원이 데이터베이스에서 한국 이름을 살펴보고 80명 정도 있다고 알려주었는데, 제트추진연구소 전체 인원이 대략 6,000명이니까 약 1퍼센트가 한국인이지 않을까 합니다. 하지만 이름만 찾아본 것이니 실제로 한국계 연구원들은 더 많겠지요.

NASA 전체로 보면 수만 명이 연구를 하고 있습니다. 미국 국민들은 우주에 관심이 큽니다. 많은 NASA 연구원들은 대중과의 소통이 자신의 의무라고 생각합니다. 저 역시 학생들과 함께하는 체험 활동이나 강연을 자주 합니다. 우리나라 국민들에게도 우주탐사의 가치를 알릴 수 있으면 좋겠습니다. 그리고 투자가 제대로 이루어져 한국 우주탐사 분야가 발전하기를 희망합니다.

__문경수__ 많은 청소년들이 우주에 관심이 있고, NASA에서 일하는 걸 꿈꿉니다. 입사하려면 어떤 준비가 필요할까요?

__이주림__ NASA에 다양한 직군이 있는 만큼, 학생에 따라 지원하는 방법이 다를 겁니다. 기본적으로 NASA는 다양한 전공과 해당 분야의 우수한 능력을 갖춘 인재들이 모여서 팀워크를 하기 때문에 혁

창문을 열면, 우주

신이 가능한 조직입니다. 무엇보다 개인의 성향을 존중하는 문화가 있습니다. 영화 〈마션〉처럼 연구실에서 밤을 새우며 일하는 사람, 일과 삶의 균형을 중요하게 여기는 사람 등등 각자 가장 효율이 좋은 방식으로 일합니다.

제 생각에 NASA는 다양한 배경지식을 가진 사람들과 아이디어가 넘치는 아름다운 직장입니다. 수학, 과학 같은 기초학문은 물론 미술, 건축, 의학 분야로 꾸려진 다양한 팀이 있습니다. 우주탐사의 결과를 홍보하는 것도 중요하다 보니 커뮤니케이션 파트도 규모가 엄청납니다. 우선 자신이 열정을 느끼는 분야를 찾아서 전문가가 되면 좋겠습니다. 한 분야의 전문가가 되면 어떤 식으로든 우주 분야에서 응용이 가능합니다.

<u>문경수</u>　우주에 관심을 갖게 된 특별한 계기를 말씀해주실 수 있나요?

<u>이주림</u>　학창 시절에는 우주에만 관심이 있지 않았습니다. 어머니가 중학교 과학 교사이다 보니 과학이 늘 주변에 있었고, 항상 과학적 논리를 키워주셨어요. 무언가를 할 때면 스스로 생각하도록 유도하셨거든요. 고등학교 3학년 때 1년간 미국으로

교환학생을 갔습니다. 그 뒤 귀국해서 수능을 보려고 했더니 복잡하더라고요. 그때 미국에 있는 교육카운슬러와 상담을 했는데 엔지니어가 되고 싶다고 했더니, 미국에서 SAT를 치르고 도전해보라는 조언을 받았습니다.

그때만 해도 엔지니어의 분야가 이렇게 다양한지 몰랐습니다. 기계공학, 전자공학, 토목공학 정도만 떠올렸는데 아버지께서 산업공학을 추천해주셨고 지원하게 되었습니다. 알고 봤더니 제가 입학한 대학이 아폴로 11호 사령관 닐 암스트롱의 모교였어요. 그렇게 항공 우주 분야에 관심을 가지게 되어 도전했고, 지금까지 이 길을 걷고 있습니다. 저는 정말 좋아하는 일을 하고 있다고 생각합니다.

문경수 미션을 수행하다 보면 실패나 시행착오도 많이 겪을 것 같습니다. 스트레스 관리는 어떻게 하시나요?

이주림 저희 연구소의 모토는 시어도어 루스벨트 대통령의 명언 "위대함에 도전하라Dare Mighty Things"입니다. 아무도 해보지 않은 일에 실패를 무릅쓰고 과감하게 도전하는 마음가짐이기도 합니다. 1957년 제트추진연구소는 미국의 첫 인공위성인 익스플로러Explorer 1호를 성공적으로 발사했습니다. 그 이후 우주 탐험에 많은 성공도 있었지만 심각한 실패들도 겪었습니다. 그때마다 모든 단계를 자세히 검토하고 이유를 찾고 재발 방지를 위해서 철저한 연습을 합니다. 하드웨어, 소프트웨어, 통신 에러 등등 미션 운영 중 실제로 일어날 수 있는 상황들을 그대로 구현해 팀원들이 실시간으로 분석하고 문제를 푸는 연습Test As You Fly도 하고요. 실패를 연구하고 발판 삼아 성공을 모색하는 것이 우리들의 성공 전략입니다.

엔지니어는 문제를 해결하는 역할을 합니다. 기본적으로 문제 해결 욕구가 큰 편이고요. 저뿐만 아니라 팀 구성원 모두 문제가 생기면 흥분하는 편입니다. 문제가 복잡할수록 푸는 방식이 더 재미있어진다고 생각합니다. 물론 푸는 과정에서 압박도 있고 스트레스도 받지만 결과적으로 원인을 찾아 해결하면서 끝까지 집중합니다.

문경수   아폴로계획으로 달에 간 이후에도 인간은 끊임없이 미지의 우주 공간을 탐사합니다. 이유를 생각해보신 적 있으신가요?

이주림   인류는 항상 호기심이 많았습니다. 배를 타고 신대륙을 탐험하는 등, 탐사의 과정에서 새로운 지식을 배우는 일을 좋아하는 것 같습니다. 우주도 비슷하다고 생각합니다. 지구 말고 우주 밖에는 누가 있을까? 우리는 어디서 왔고 앞으로 어디로 갈까 같은 원초적인 호기심으로 우주를 탐험하는 것이 아닐까요?

우주탐사는 매 순간 가보지 않은 길을 선택하도록 합니다. 우주로 갈 때마다 보이지 않는 중력의 장벽을 이겨내고 탐험합니다. 지구로 무사히 돌아올 수 있을지 누구도 장담하지 못합니다. 그럼에도 인류의 시선이 우주로 향하는 것은 각자의 자리에서, 호기심을 담보로 복잡한 문제를 풀어내는 사람들이 있기 때문이 아닐까요?

왜 지금 이 일을 하는지 누군가 묻는다면 어떤 대답을 하시겠습니까? 이주림 연구원이 우주를 향한 꿈을 키우던 시절을 떠올리며 유미의 〈별〉을 추천하고 싶습니다.

창문을 열면, 우주

우주탐사의 모든 움직임, 수학

NASA 태양계 홍보 대사
폴윤 교수

"화성만으로도 우리는 영원히 감춰진 채로 남아

있었을 천문학의 비밀을 꿰뚫어 볼 수 있다."

17세기 천문학 혁명을 이끌었던 요하네스 케플러Johannes Kepler가 남긴 말입니다. 현대적인 망원경이 등장하기 이전부터 학자들 사이에서 화성은 매력적인 존재였습니다. 하지만 초기 천문학자들이 상상한 화성은 오늘날 우리가 아는 것과 사뭇 다른 모습이었습니다. 희미하게 드러난 어두운 부분을 보고 거대한 호수와 운하의 흔적이라고 믿었습니다. 물론 지금은 누구도 그렇게 생각하지 않습니다. 그간 수집한 고해상도의 사진과 영상이 화성에 호수가 없음을 확실히 증명했기 때문입니다.

이렇듯 과학적 증거들은 화성에 대한 상상의 나래를 펼치던 사람들에게 실망을 안겨주기도 했습니다. 하지만 인류는 여전히 화성을 상상하고 언젠가 거주할 날을 손꼽아 기다립니다. 생명이 살기에는 척박하지만 태양계 행성 중 인간의 능력으로 가볼 수 있는 유일한 곳이라는 확신 때문입니다.

인류가 탄생한 이래 이름 모를 현자들은 밤하늘을 올려다보며 우주는 어떻게 만들어졌는지 질문을 품었습니다. 이 근원적인 물음에 이끌려 인간은 우주를 탐색하고 이해하려고 노력했습니다. 화성에 고립된 영화 속 우주인처럼 늘 그래왔듯이 우리는 답을 찾을 겁니다. 계속해서 미지의 우주를 이해하기 위해 호기심 어린 시선으로 우주를 바라볼 겁니다. 그럼, NASA의 태양계 홍보 대사NASA Solar System Ambassador 폴윤 교수님과 인간이 화성에 가기 위해 필요한 것은 무엇인지 대화를 나누어보겠습니다.

<u>문경수</u>　NASA 태양계 홍보 대사는 어떤 임무를 맡게 되나요?

폴윤　　홍보 대사의 가장 큰 역할은 대중에게 NASA가 최근 발견한 과학이나 우주탐사의 성과를 흥미롭고, 이해하기 쉽게 설명해주는 일입니다. 제가 홍보 대사를 시작한 2012년에는 약 400명이 활동했는데 현재 미국에는 1,090명이 있고 1,000만 명 이상이 태양계 홍보 대사와의 만남을 통해 우주탐사를 접하게 되었습니다. 미국은 넓다 보니 지역민들을 직접 찾아가 정보를 전달합니다. 대부분의 홍보 대사들은 미국 내에서 활동하지만 일부는 유럽에서 활약합니다. 저는 모국이 한국이라 학생들의 방학 시즌에 우리나라를 방문해 강연이나 방송을 통해서 우주탐사를 소개하고 있습니다.

문경수　　원론적인 질문 하나를 드리고 싶습니다. 인간은 왜 우주를 탐사할까요?

폴윤　　천체물리학자 스티븐 호킹Stephen William Hawking의 말로 답을 대신하고 싶습니다. 2015년 NASA의 탐사선인 뉴호라이즌New Horizons호가 명왕성을 지나갈 때 그는 이런 말을 했습니다. "우리는 인간이다. 우리는 알고 싶다. 그래서 우리는 우주를 탐사한다." 우리가 태어난 고향을 알고 싶어 하듯이 큰 의미에서 우주는 우리의 생활 터전이라고 생각합니다. 이런 맥락에서 우주를 이해하면 보금자리 지구를 더 깊이 이해할 수 있습니다.

문경수 마스2020 퍼서비어런스 로버 프로젝트에도 참여하셨는데, 자세한 설명 부탁드립니다.

폴윤 저는 퍼서비어런스 착륙지 세 곳의 후보 선정 과정에 선거인단으로 참여했고 로버의 이름 선정 평가 위원으로 참여했습니다. 화성 탐사선 퍼서비어런스 로버는 한국 날짜 2020년 7월 31일에 발사해서 2021년 2월 19일, 화성에 도착했습니다. 예산은 약 3조 원이 쓰였습니다.

마스2020의 탐사 미션은 크게 네 가지로 볼 수 있습니다. 첫째, 과거에 화성에 존재했을 가능성이 있는 미생물의 흔적 탐사를 통해 과거 화성은 생명이 거주 가능한 환경habitability이었는지를 이해하는 것이 목적입니다. 둘째, 퍼서비어런스 로버 내부에는 첨단 과학 실험 장비가 탑재되어 생명체 존재 유무의 증거가 되는 생명의 흔적biosignature을 찾습니다. 셋째, 여러 지역에서 토양 표본을 수집해 한곳에 모아놓습니다. 이번 미션에서 화성의 토양 표본을 튜브에 담아두면 다음 번 미션에서 소형 운반 로봇이 수거해 지구로 귀환할 계획입니다. 가져온 화성 토양 표본은 지구 과학자들의 연구를 통해 우리가 화성을 더 깊이 이해하는 데 큰 도움이 될 것입니다.

마지막으로 인간의 화성 탐사를 준비합니다. 인간이 거주할 경우를 대비해 화성에 사용 가능한 자원들이 있는지 또 어떤 위험 요소가 있는지 조사합니다. 이번 미션에서 과학자들이 주목하는 것 중 하나가 약 96퍼센트가 이산화탄소로 이루어진 화성 대기에서 산소를 추출하는 것입니다. 퍼서비어런스 로버에는 목시라는 장비가 실려 있고, 이를 이용해서 2021년 4월, 화성 대기에서 산소 추출에 성공했습니다. 화성 대기에서 추출한 산소는 인간 거주에는 물론 화성 대기에서 우주 밖으로 나갈 때 필요한 로켓 발사를 위한 산화제로 사용될 것입니다.

또한 퍼서비어런스 로버와 동행한 인제뉴어티 화성 헬리콥터는 2021년 4월에 지구 대기의 약 1퍼센트 수준인 화성 대기에서 비행했습니다. 이로써 인류 최초로 다른 행성에서의 비행 성공의 역사를 쓰게 되었습니다. 로버에 비해 헬리콥터는 지형의 영향을 받지 않기 때문에, 광범위한 지역을 탐사할 수 있는 길을 열었다는 데 의미가 큽니다.

문경수 폴 윤 교수님께서는 수학자이시지요?

어떤 계기로 NASA 홍보 대사가 되셨는지 궁금합니다. 그리고 수학자의 눈으로 바라본 우주는 어떤 공간인지도 알고 싶습니다.

폴윤 ___ 친구가 꿈을 물어보기에 얼떨결에 NASA 과학자라고 대답한 적이 있습니다. 그 뒤 잊고 지내다가 미국의 대학에서 수학을 가르치다 보니 학생 중에 공학도나 우주 관련 전공자가 많았습니다. 가르쳤던 이들 가운데 허블우주망원경보다 100배 정도 성능이 좋은 제임스웹우주망원경 프로젝트에 참여하는 학생도 있었고, NASA 인턴 및 프로그램에 참여하는 학생들 그리고 스페이스X 사내 카페에서 근무하는 학생도 있었습니다. 그러다 보니 자연스럽게 우주 문제를 수학으로 풀게 되고, 자연스럽게 우주에 관심을 갖게 되었습니다.

음악가가 악보를 써서 자신의 감정을 표현하면 오케스트라가 음악을 만들어냅니다. 이런 관점에서 보면 수학을 구체적으로 표현한 것이 우주탐사라고 생각합니다. 음악 애호가들이 베토벤〈교향곡 9번〉을 듣고 감동하듯이 수학자들은 우주탐사를 보고 비슷한 감동을 받습니다. 우주탐사에 필요한 모든 움직임이 수학인 셈이기 때문입니다.

이처럼 제게 수학은 세상을 바라보는 하나의 시선이 됩니다. 시인, 화가, 음악가, 천체물리학자가 바라보는 시각이 다를 겁니다. 이런 다양한 시각들이 합쳐졌을 때 우리는 인류가 존재할 환경을 만들어준 우주를 제대로 파악할 수 있다고 봅니다. 인문학과 수학·과학적 시각이 합쳐져야 비로소 우주에 대한 깊은 이해가 가능합니다. 우주 공간에서는 너무나 조화로운 물리현상이 일어나는데요. 그 진리와 법칙을 찾고자 하는 수학자들에게 우주는 너무나 사랑스런 존재입니다.

문경수 교육에 변화가 필요하다는 말을 많이 듣습니다. 미래의 교육에서는 어떤 점이 중요할까요?

폴윤 스티브 잡스의 명언으로 답하고 싶습니다. '당신의 시간은 한정되어 있습니다. 그러니 다른 사람의 삶을 살아가는 데 시간을 낭비하지 마세요. 다른 사람들의 생각으로 만들어낸 결과로 살아가려는 가치관의 덫에서 벗어나세요. 자신의 가슴속 깊은 곳에서 들려오는 소리를 다른 사람들의 의견으로 발생된 소음으로 익사시키지 마세요. 가장 중요한 건 한 가지. 당신의 가슴과 직관을 따라갈 용기를 가지세요.'

문경수　폴윤 교수님께서도 한국 과학계와 자주 교류하시니 잘 아시겠지만, 우리나라도 우주 분야에 관심이 많습니다. 한국이 가진 강점은 어떤 것이 있을까요?

폴윤　저는 2015년부터 한국의 과학관과 우주 교육 관련 기관에 근무하시는 분들이 NASA 박물관 및 교육 관련 기관 협의회에 참여하도록 도움을 드리고 있습니다. 이 협의체를 통해 세계 40개국의 과학 교육 기관에 근무하는 분들이 우주탐사에 관련된 정보를 얻고 NASA 과학자, 엔지니어와 교류하고 계십니다. 인도 12개, 오스트레일리아 14개, 독일 15개, 영국 16개, 캐나다 22개 기관에서 과학 교육 관계자분들이 참여하시고요. 현재 가장 적극적인 나라는 한국입니다. 30개의 기관에서 관계자분들이 오시지요.

저로서는 지속적으로 NASA와 한국 과학계의 교류를 증진시키려는 노력을 하고 있습니다. 대구과학관 홍대길 박사님, 부산과학관 최준영 박사님과 함께 이 협의체에서 운영하는 한국 온라인 포럼 공동 운영을 맡고 있고, 매년 4월과 11월에 한국인 NASA 과학자와 엔지니어들의 도움으로 NASA의 탐사를 소개하는 컨퍼런스를 여는데 한국 관계자들이 참여할 수 있도록 코디네이터로 활동합니다.

해외에서는 한국의 우주 관련 분야를 상위권으로 인식하고 있습니다. 여기서 가시적인 결과를 만들어내기 위해서는 많은 투자와 시간, 국민적 관심과 성원 그리고 정부와 민간 우주 관련 기업의 협업 및 국제 협력 확대가 중요하다고 생각합니다.

문경수 스페이스X 같은 기업에도 직접 가보셨지요? 그들이 꿈꾸는 미래가 궁금합니다.

폴윤 제가 근무하는 학교에서 스페이스X 본사까지 1.5킬로미터쯤 떨어져 있습니다. 뛰어가면 10분 거리입니다. 스페이스X에서 일하는 지인의 초대로 방문한 적이 있었는데요. 늘 미소 띤 얼굴의 지인이 제가 방문했을 때 "우리 회사는 화성 인간 이주를 위해 만들어졌습니다"라고 진지하게 이야기하는 모습을 보고 충격을 받았습니다.

스페이스X는 여러 국가의 인공위성 우주 운송 서비스 및 국제우주정거장에 화물과 우주인을 보내는 일로써 수익을 창출하고 있습니다. 이제 우주 분야에서도 수익을 낼 수 있음을 보여주는 중요한 성과입니다. 가상과 현실 세계의 벽을 허물려는 일론 머스크의 철학이 느껴졌습니다. 가장 인상 깊었던 장면은 현재 격납고에서 우주선 몇 대가 동시에 제작되고 있었던 것입니다. 인류의 우주 시대가 도래했음을 보았습니다.

문경수　우주를 꿈꾸는 청소년들에게 해주고 싶은 말이 있으세요?

폴윤　NASA에 근무하는 한 리더의 말을 전하면 좋겠네요. '우리가 지극히 현실적인 사고만 했다면 오늘날 이만큼의 진보는 가능하지 않았을 겁니다. 시간이 지나면 부족한 기술도 발전하고 비용도 절감된다는 사실을 잊지 말아야 합니다. 우리, 멋지게 삽시다. 후회 없이 가슴이 부르는 방향으로 걸어갑시다. 험난한 길에 부딪쳐도 주눅 들지 않고 앞으로 나가면 꿈을 이룰 수 있습니다.'

수학은 자연의 언어입니다. 복합한 자연 세계를 단순하게 추상화했습니다. 인간은 우리가 보고 듣는 거의 모든 것을 수로 표현했고 이를 토대로 문명을 발전시켰습니다. 수학을 통해 지구와 생명현상을 이해했듯이 우주를 탐구할 때도 수학적 상상력과 통찰력은 그대로 이어집니다. 눈에 보이는 것만 보려고 했다면 우주는 불필요한 대상일지도 모르겠습니다. 수학은 인간으로 하여금 우주를 필요한 대상으로 바꿔놓았습니다.

수학자의 눈으로 우주를 자세히 들여다본 지금은 비틀스Beatles의 〈어크로스 더 유니버스Across the Universe〉가 어울릴 것 같습니다. 이 노래를 듣고 있으면 아름다운 우주가 눈앞에 펼쳐지는 기분이 듭니다. 한 가지 더 말씀드리면, NASA는 2008년 설립 50주년을 기념하기 위해 전파 안테나를 통해 이 노래를 북극성으로 보냈습니다.

"지구는 생물이 살고 있는
것이 확인된 우주에서
유일한 천체입니다."

지질학자의
우주

노원천문우주과학관
백두성 관장

영화 〈세상의 중심에서 사랑을 외치다〉를 기억하시나요? 여기서 말하는 세상의 중심은 호주 한가운데 있는 세계에서 가장 큰 바위 울루루Uluru입니다. 호주에 처음 정착한 원주민 애버리지니Aborigine는 울루루를 신성한 곳으로 여겼습니다. 사암 성분인 울루루는 해가 질 때 빛의 변화에 따라 색이 달라집니다. 석양 무렵 붉은 오렌지색으로 빛나는 바위를 보면 왜 그들이 이곳을 신성하게 여겼는지 알 수 있습니다.

    호주, 하면 광활한 대지와 낭만적인 밤하늘을 쉽게

5부 우리는 모두 우주인

313

떠올리실 겁니다. 그럼 지구 반대편 호주 대륙의 별과 땅 그리고 생명에 대해 좀 더 이야기 나누어보겠습니다. 경험을 나누어주실 손님은 탐험을 사랑하는 지질학자입니다. 사막이나 극지에 가면 눈빛이 달라지고, 처음 보는 신기한 탐사 장비를 꺼내 제 집처럼 누비십니다. 그리고 저의 멋진 동료이기도 합니다. 생명체의 기원을 찾아 떠난 호주부터 오로라가 춤추는 알래스카, 공룡이 뛰놀던 고비사막을 함께 탐험했습니다. 그는 일상에서도 우주와 지구를 온몸으로 느낄 수 있다고 말합니다. 붉은 사막의 거친 길을 헤치며 장장 6,000킬로미터에 이르는 호주 대륙을 횡단하신 노원천문우주과학관 백두성 관장님을 소개합니다.

문경수　지질학자이시면서 노원천문우주과학관 관장으로 계신 점이 특별해 보입니다. 지질학자와 우주의 만남, 어떤 관계가 있을까요?

백두성　저는 2020년 9월에 노원우주학교 관장이 되었습니다. '학교'라는 이름이 학생들만 오는 곳이라는 인상을 주어서 많은 시민이 찾을 수 있도록 2021년 3월에 노원천문우주과학관으로 이름을 바꾸었습니다. 노원천문우주과학관은 빅뱅부터 현

창문을 열면, 우주

재까지의 시간과 노원구부터 우주 거대 구조까지의 공간을 여행하는 곳입니다. 지구는 지금까지 생명체가 사는 것이 확인된 유일한 천체로서 의미가 있고, 우주생물학 분야에서 고생물학은 중요한 위치를 차지한다고 생각합니다. 우주의 한 구성 요소인 지구를 연구하는 지질학은 대상을 직접 관찰하고 실험할 수 있다는 면에서 장점이 있습니다.

문경수　　호주 대륙을 횡단하는 엄청난 탐험을 다녀오셨습니다. 호주는 모든 과학자들에게 꿈같은 장소지요. 그 경험을 들려주시면 좋겠습니다.

백두성　　호주의 동쪽 케언스에서 출발해서 서쪽 퍼스까지 자동차로 횡단했습니다. 호주의 가장 긴 지름길Australia's longest shortcut 이라는 별칭이 붙어 있지요. 케언스 앞바다에서는 해양 생물 다양성의 보고인 대산호초Great barrier reef를 보고 왔고요, 호주 공룡시대 박물관Australian Age of Dinosaurs Museum에서는 해당 지역에서 발굴된 공룡 전시물뿐만 아니라, 막 발굴된 공룡 뼈를 처리하는 모습도 볼 수 있었습니다. 영화 〈세상의 중심에서 사랑을 외치다〉에 등장하는 울루루도 보고, 웨이브록Wave Rock 이라고 부르는, 서핑 하는 바닷가에 파도치는 모습으로 풍화된 암석도 볼 수 있는 시간이었습니다.

문경수 　호주는 오랜 시간 북반구의 대륙과 떨어져 고립된 진화를 거듭한 곳입니다. 횡단하면서 만난 동물과 식물 이야기도 들려주세요.

백두성 　호주에서 가장 유명한 동물은 캥거루입니다. 첫 번째 호주 방문 때 본 캥거루는 모두 죽은 상태였습니다. 도로에서 차에 치인 것이지요. 캥거루는 야행성동물이라 낮에 보기는 힘들고 밤에 활동하다가 달리는 차에 치이는 경우가 많아서 낮에 이동하다가 만날 수 있는 것은 죽은 캥거루였던 겁니다. 다행히 이번 탐사에서는 횡단을 마치고 도시로 돌아오는 길에 숲에서 살아 있는 캥거루를 만났습니다.

《어린 왕자》에 나와서 유명한 바오밥나무는 아프리카가 원산지이지만, 호주에서도 볼 수 있습니다. 바오밥나무에 걸린 은하수를 보는 것은 정말 색다른 느낌이었습니다. 그리고 호주에서 만난 특별한 생물로는 흰개미를 들 수 있습니다. 횡단 도중 만난 거대한 흰개미 집은 자연의 경이를 느끼게 해주었습니다.

문경수 　공룡 화석은 고비사막에 많다고 알려져 있습니다. 그런데 호주에서도 공룡 화석을 보셨다고 들었습니다.

백두성　　호주에서 만난 공룡 중 가장 인상 깊었던 것은 무타부라사우루스Muttaburrasaurus였습니다. 낯설게 느껴지겠지만 원주민어인 '무타부라'는 이 공룡이 발견된 지역을 뜻하고 퀸즐랜드에 있습니다. 백악기 전기에 살았던 이 공룡은 조각류에 속하는 네발공룡으로, 몸길이는 7~10미터였습니다.

퀸즐랜드주 윈톤에 있는 호주 공룡시대 박물관에는 이 지역에서 발견된 아우스트랄로베나토르 윈토넨시스Australovenator wintonensis라는 육식 공룡이 입구에 전시되어 있습니다. 이름만 봐도 윈톤에서 발견된 것을 알 수 있습니다. 이 박물관은 주변의 공룡화석 산출지에서 발견되는 공룡을 운반해 와서 직접 처리를 하고, 관람객들은 그 현장을 직접 볼 수 있습니다.

문경수　　지질학자의 눈으로 본 호주 대륙이 궁금합니다. 빅 히스토리Big History 관점에서 호주는 어떤 곳인가요?

백두성　　호주는 빅 히스토리의 발상지입니다. 시드니 매쿼리대학의 역사학과 교수인 데이비드 크리스천David Christian 박사가 빅 히스토리를 제안했습

니다. 데이비드 크리스천 교수는 이화여대에서 강의
한 적도 있으니 한국과 긴밀한 사이라고 할 수 있습
니다. 호주 대륙은 지구에서 가장 오래된 땅 중 한 곳
입니다. 지구에서 가장 오래된 암석이 발견되었고,
지구에서 가장 오래된 화석이 발견된 장소이기도 합
니다. 따라서 생명의 기원과 광합성의 시작, 산소의
발생으로 인한 철광층 형성 같은 공진화가 시작된
곳이 호주입니다. 우리나라에서 수입하는 철광석은
전부 서호주에서 가져온다고 하니, 그야말로 호주는
땅 파서 먹고살 수 있는 나라네요.

　　　문경수　　세상의 중심에서 은하수를 온몸으로
느끼고 오셨을 텐데요. 사막을 횡단하며 올려다본
별과 은하수는 어떤 모습이었나요?

　　　백두성　　별자리에 대해서는 잘 모르지만, 남반
구에서는 남십자성 같은 북반구에서 보이지 않는 별
들을 볼 수 있습니다. 그런데 '별자리'를 보기는 힘들
었습니다. 사막은 서울보다 별이 수백 배 아니 수천
배 더 많이 보이기 때문에 구분할 수 없었지요. 이동
을 마치고 저녁을 먹고 난 후 밤하늘을 보고 있으면
별이 쏟아진다는 느낌을 받게 됩니다. 호주에서 본
은하수는 북반구의 은하수보다 훨씬 깁니다. 몽골의

고비사막에서도 은하수를 보았는데 은하수가 하늘의 일부분만을 지납니다. 그런데 남반구에서는 우리 은하의 중심을 직접 마주 볼 수 있기 때문에 밤하늘을 전부 가로지르지요.

문경수 저와 함께 여러 번 호주 탐험을 다니셨는데, 관장님이 생명체의 기원인 스트로마톨라이트를 보셨을 때 감동했던 모습이 기억에 오래 남습니다. 스트로마톨라이트를 처음 만났을 때의 느낌을 설명해주시겠습니까?

백두성 스트로마톨라이트는 지질학과 1학년 1학기 일반지질학 수업에서 배우는, 생명의 기원에 대한 주제에서 가장 중요한 화석입니다. 20여 년 전 교과서에서만 보던 스트로마톨라이트를 서호주의 바닷가에서 처음 만났을 때의 감동은, 제게는 고향으로 돌아온 연어가 된 느낌이었습니다. 어릴 적부터 동경하던 대상을 오랜 시간이 지나 직접 만나게 되는 것. 한동안은 말을 잇지 못하고 감탄만 하고 있었지요. 어쩌면 아이돌 팬이 아이돌과 눈을 마주치는 순간과 같지 않았을까 싶습니다.

문경수 서대문자연사박물관 근무 시절 '외계 생명체를 찾아서'라는 전시를 기획하셨습니다. 외계 생명체라는 주제는 천문학의 일부로 보입니다. 지질학자로서 기획전을 준비하실 때 사람들에게 어떤 부분을 보여주고 싶으셨나요?

백두성 기획전 '외계 생명체를 찾아서'는 우주생물학이라는 주제를 시민들에게 알리고자 한 것입니다. 우주생물학은 '외계 생명체가 어디에 어떤 모습으로 있을까'에 대해 연구하는 분야라고 할 수 있습니다. 천문학은 물론 생물학, 지질학, 화학 등 다양한 연구자들이 같이 수행해야 하는 분야입니다. 지질학자로서는 특히 생물이 살고 있는 것이 확인된 우주에서 유일한 천체인 지구 속 생명의 기원에 대해 이해하고 이 생명이 어떻게 진화하게 되었는가를 생각할 계기가 되기를 바랐습니다.

문경수 노원천문우주과학관에는 빅 히스토리를 주제로 전시가 구성되어 있습니다. 빅 히스토리는 과학사를 넘어 인류사까지 포함하는 거대한 이야기입니다. 빅 히스토리를 이해한다는 것은 인간에게 어떤 의미일까요?

백두성 히스토리, 즉 역사는 인간이 문명 생활을 하며 기록을 남긴 시대를 말합니다. 대략 1만 년 전부터 지금까지, 빅 히스토리는 빅뱅으로 우주가 탄생한 때부터 현재까지의 역사를 다루는 것입니다. 우주의 역사는 빅뱅과 별의 출현, 새로운 원소의 출현과 태양계와 지구의 탄생, 생명의 출현과 인류의 등장, 농경과 산업혁명 같은 임계 국면을 맞이하며 흘러왔습니다.

역사면 역사, 과학이면 과학, 그중에서도 천문학, 생물학, 지질학 같은 개별 학문을 연구하는 것만으로는 파악할 수 없는 거대사입니다. 이를 종합적으로 이해한다는 것은 인류가 어디에서 왔고 어디에 와 있으며 어디로 갈 것인지를 파악하는 데 큰 도움이 될 것입니다. 기후 위기와 여섯 번째 대멸종을 맞이하고 있는 인류세를 보내는 우리가 어떻게 해야 할지 알려주는 나침반이 되지 않을까요?

__문경수__　　바쁜 일상을 살면서 우주와 지구를 떠올리는 일이 쉽지만은 않은 것 같습니다. 일상에서 우주와 지구를 만나는 방법이 있을까요?

__백두성__　　예전에 인기가 많았던 〈별에서 온 그대〉라는 드라마가 있었지요. 이 드라마에 자문을 해준 분이 서대문자연사박물관 관장님이셨던 천문학자 이강환 박사님입니다. 드라마 제목처럼 우리 몸을 구성하는 성분들은 모두 별에서 왔고, 지구도 같

은 성분으로 이루어져 있습니다. 그러니 우리가 만나는 모든 일상이 지구이고 우주인 것입니다. 빡빡한 현실 속에서 고개를 들어 하늘을 보기 어려운 우리지만 인적이 뜸한 시골길에서 밤하늘을 올려다보면 은하수를 볼 수도 있고요, 교과서에서 글로 배우기만 했던 화석이 사실은 우리 주위에서 발견되기를 기다리고 있답니다.

백두성 관장님은 박물관에서 연구자로 생활하시며 행성 지구를 탐험하고 있습니다. 비록 탐험에 위험이 따르더라도 조사 대상이 매력적이면 이를 무릅쓰고 나설 겁니다. 사람들이 가보지 않은 곳을 가서 해보지 않은 일들을 하고 그 소식을 전할 수 있다는 것은 정말 매력적인 일입니다. 그는 호기심이 남아 있는 한, 기회만 된다면 더 많은 곳을 탐험하고 싶다고 했습니다.

겉으로 보면 사막은 무의 공간이지만 새로운 시각으로 바라보면 오래된 지구의 기억을 품은 유의 공간입니다. 지구의 나이를 시계에 비유한다면 호주 사막은 1시부터 12시까지 일어난 모든 일을 간직한 곳입니다. 인간은 왜 밤하늘을 보고 감상에 젖을까요? 그곳이 우리의 고향이기 때문입니다. 백두성 관장님이 사막을 횡단하며 즐겨

창문을 열면, 우주

듣던 노래라고 하신, 여행 스케치가 부른 〈별이 진다네〉를 추천합니다. 창문을 열고 밤하늘을 바라보며 듣기 좋은 곡입니다.

나가며

나의 코스모스
그리고 당신의 코스모스

여러 매체를 통해 우주를 만날 기회가 늘어난 것도 사실이지만 인간은 본능적으로 우주를 좋아합니다. 단적으로 영화 〈인터스텔라〉의 관객이 국내에서만 1,000만 명이 훌쩍 넘기도 했습니다. 물론 영화에 나오는 웜홀과 블랙홀을 완벽하게 이해한 사람은 드물 겁니다. 아주 어려운 천문학 개념을 영상에 오롯이 담기 위해 시나리오를 쓴 작가는 대학에서 상대성이론을 4년 동안 공부했다고 합니다. 이렇게 정확한 과학 이론을 기반으로 웜홀과 블랙홀을 디자인했고, 실제에 가깝게 표현된 우주는 관객들의

창문을 열면, 우주

마음을 사로잡았습니다. 최신 우주 이론이 바탕이 된 SF 영화는 흡인력이 강했습니다.

영화만큼 책도 우리가 우주를 접하는 중요한 매개체입니다. 우주와 과학을 좋아하는 사람들에게 단비 같은 존재인 삼청동에 자리 잡은 '과학책방 갈다'를 소개하고 싶습니다. 우주, 지구, 물리, 생물학 교양서가 가득한 흥미로운 서점입니다. 대형 서점의 과학 코너는 그리 넓지 않고, 작은 출판사에서 나온 책들은 만나기 어려울 때도 있습니다. 갈다는 이런 갈증을 완벽하게 채워주는 공간입니다. 천문학자와 함께 《코스모스》를 읽는 온라인 독서 모임부터 책 추천 서비스까지, 과학을 라이프스타일의 영역으로 넓혀나가고 있습니다.

50여 년 전 인류의 아폴로 달 착륙은 지금까지도 과학 대중화와 우주산업에 시나브로 영향을 주고 있습니다. 변화는 어느 날 갑자기 일어나지 않는 것이지요. 과학책방 갈다의 대표, 천문학자 이명현 박사님도 알고 보면 '아폴로 키즈'입니다. 아폴로 11호 달 착륙을 보면서 우주에 관심을 갖기 시작했고, 천문학자가 되어서 우주의 경이로움을 알리는 노력을 이어가고 계십니다.

그동안 국내에도 아폴로계획이 영향을 준 스페이스X나 블루오리진처럼 우주에 도전하는 기업들이 늘었습니다. 한화 그룹의 항공 우주 계열사인 한화에어로스페이스는 한국의 1세대 우주 위성 기업 쎄트렉아이에 약 1,090억 원을 투자했습니다. 쎄트렉아이 박성동 대표님은 국내 우주산업의 마중물 역할을 해오셨습니다. 저는 2019년 글로벌 스타트업 페스티벌에서 '우주산업의 현재와 미래'에 대한 주제의 토크쇼에 참여한 적이 있습니다. 국내 우주산업도 민간투자가 늘어나고 있으니 우주 분야에서 다양한 기회가 생길 것 같다고 의견을 전했습니다. 이를 증명이라도 하듯 '스페이스 키드'들의 약진도 돋보입니다. 무인 우주 탐사 로봇을 개발하는 무인탐사연구소 조남석 대표, 초소형 위성을 만드는 나라스페이스테크놀로지 박재필 대표, 우주 로켓 개발 기업인 페리지에어로스페이스 신동윤 대표같이 '우주에 진심'인 20대 혁신가들이 성장하며 도전하고 있습니다.

언제부터인가 우주는 우리 삶의 한편에 일상으로 자리 잡았습니다. 책을 쓰는 중에도 하루가 멀다 하고 생동감 있는 우주 뉴스가 전해졌습니다. 1년 전 라디오에서 소개했던 화성 탐사선들은 모두 화성에 도착했고 연일 흥미로운 소식을 지구로 보내고 있습니다. 민간 기업이 만든 최초의 우주선 크루드래건은 네 명의 우주 비행사를 싣고 다시 우주에 다녀왔습니다. 코로나19로 지구는 멈

창문을 열면, 우주

쳤지만 우주선과 우주 비행사들은 우리에게 끊임없이 새로운 우주를 전해주고 있습니다. 잠시 인터넷 창만 띄워도 최신 우주 이야기가 쏟아지니 아주 조금 귀 기울이는 수고를 들인다면, 내 삶과 관계없어 보이던 우주가 사실은 일상을 보는 시각을 더없이 풍성하게 해준다는 것을 느낄 수 있지 않을까요?

저는 이 책을 통해 생생한 우주를 전하고, 탐험 초기부터 현재까지를 정리해보고 싶었습니다. 시대에 따라 우주 탐험의 목적과 수단은 달랐지만 미지의 세계에 대한 동경과 호기심은 다르지 않았습니다. 이 역사는 우리가 아는 지금의 세상을 이해하는 데 큰 영향을 미쳤습니다. 먼저 나아간 이들의 호기심과 노력이 없었다면, 우리가 지구를 전체적으로 바라보면서 지리와 기후의 관계를 파악하고, 다양한 생명체를 인식하며, 오지에 거주하는 사람들의 생활 방식, 관습 그리고 신념을 인정할 수 없었을 것입니다. 우주 탐험의 역사는 한편으로는 이롭고 한편으로는 위험한 결단과 영웅주의 등을 담고 있기도 하고, 이에 더해 생존과 만남의 다양한 이야기들이 넘칩니다. 또한 태양계 행성의 색다른 광경과 더 먼 우주에 이르는 비범한 사람들이 가득합니다.

우리는 끝없이 질문합니다. 우리가 살고 있는 세상은

어떻게 시작되었을까요? 생명은 언제부터 이 땅에 존재했을까요? 우주를 이해한다는 것은 지구에 사는 우리가 얼마나 운이 좋은 존재인지를 깨닫게 되는 일인 듯합니다. 천문학자들은 말합니다. 우리는 빅뱅에서 왔고 빅뱅은 모든 것을 만들어냈습니다. 우리 모두는 별의 일부입니다. 원자의 차원에서 우리는 사라지지 않습니다. 노벨 생리의학상을 받은 조지 월드George Wald 역시 이러한 관점에서 삶을 보았습니다. '죽음은 개별 차원에서는 소멸이지만 종 차원에서는 생명의 연장이며 궁극적으로 생명을 풍요롭게 한다'고 말이지요.

"드디어 마지막 시간입니다.
오늘은 심규선의 〈창백한 푸른 점〉을
띄워드리고 싶습니다.
노래를 듣는 내내 우주와 나의 관계에 대해
생각하게 됩니다.
제가 그리는 코스모스는 호기심이 넘치는
세계입니다. 여러분이 그리는 코스모스는 어떤
세계인가요? 지금까지 《창문을 열면, 우주》
문경수였습니다."

창문을 열면, 우주

참고 문헌 및 사진 출처

참고 문헌

《NASA, 우주개발의 비밀》, 토머스 D. 존스, 마이클 벤슨 지음, 채연석 옮김, 아라크네, 2017.

《도해 우주선》, 모리세 료, 쇼묘지 겐소 지음, AK커뮤니케이션즈, 2012.

《세상에서 가장 아름다운 밤하늘 교실》, 모리야마 신페이 지음, 고경옥 옮김, 봄나무, 2017.

《태양계의 놀라운 신비》, 브라이언 콕스, 앤드류 코헨 지음, 최세민 옮김, 21세기북스, 2012.

《화성: 마션 지오그래피, 붉은 행성의 모든 것》, 자일스 스패로 지음, 서정아 옮김, 허니와이즈, 2015.

《화성과 화성 생명체의 탐사》, 민영기 지음, 자유아카데미, 2013.

F-1 Engine Recovery, https://www.bezosexpeditions.com/updates.html

NASA Langley Research Center, https://www.youtube.com/watch?v=F-gW2kpNQ7BY

NASA MARS EXPLORATION PROGRAM, https://mars.nasa.gov

NASA The Apollo Missions, https://www.nasa.gov/mission_pages/apollo/missions/index.html

창문을 열면, 우주

초판 1쇄 발행일 2021년 7월 30일
초판 2쇄 발행일 2023년 10월 30일

지은이 문경수

발행인 윤호권
사업총괄 정유한

편집 김예지 **디자인** 박정원 **마케팅** 윤아림
발행처 ㈜시공사 **주소** 서울시 성동구 상원1길 22, 7-8층 (우편번호 04779)
대표전화 02 - 3486 - 6877 **팩스(주문)** 02 - 585 - 1755
홈페이지 www.sigongsa.com / www.sigongjunior.com

글 ⓒ 문경수, 2021

ISBN 979-11-6579-641-9 03400

*시공사는 시공간을 넘는 무한한 콘텐츠 세상을 만듭니다.
*시공사는 더 나은 내일을 함께 만들 여러분의 소중한 의견을 기다립니다.
*잘못 만들어진 책은 구입하신 곳에서 바꾸어 드립니다.

WEPUB 원스톱 출판 투고 플랫폼 '위펍' _wepub.kr
위펍은 다양한 콘텐츠 발굴과 확장의 기회를 높여주는
시공사의 출판IP 투고·매칭 플랫폼입니다.